제3판

NUTRITION

조리전공자를 위한 영양학

이정실 · 김은미 · 강어진 · 박문옥 공저

백산출판사

머리말

현대 사회에서 식품은 생존을 위한 에너지 공급이나 기호충족 외에도, 여러 기능적 가치를 제공한다. 즉 건강증진과 질병예방, 면역력 증강, 노화방지, 항산화, 항암작용 및 미용기능 등이 그것이다. 이에 따라 식품의 조리에 대한 인식도 계속하여 발전하고 있다. 따라서 음식을 조리하는 사람들이 영양에 관하여 알아야 할 내용도 점차 다양해지고 세분화되고 있으며 광범위해지고 있다. 과학·의학의 발달, 사회적 인식의 변화는 조리에서도 새롭고 다양한 영양정보를 요구하고 있다. 그러나 쏟아지는 대중매체와 인터넷을 통한 정보의 홍수 속에서 조리인들의 필요에 맞는 바른 영양정보를 습득하기란 쉽지 않은 일이다.

이 책은 조리를 전공하는 학생들이 조리이론의 바탕이 되는 영양학을 쉽게 이해할 수 있도록 다양한 그림과 표를 삽입하여 지루하지 않고 재미있게 볼 수 있도록 집필하였다.

각 장에서 조리인들이 꼭 알아야 할 영양학의 기초지식을 가능하면 쉽게 설명하였으며 최근 개정된 한국 성인의 영양소 섭취기준을 추가하였다. 또한 각 장별로 뒷부분에 좀 더 알아보기를 통해 최신의 영양정보와 관심사를 확인하도록 하였고 학생들이 꼭 알아야 할 내용들을 재확인할 수 있도록 퀴즈를 포함시켰다.

저자들은 모두 대학에서 조리관련학과 학생들을 지도하는 현직 교수들로 최신의 정보와 연구결과를 토대로 여러 번의 회의를 거쳐 학생들이 꼭 알아야 할 내용만 간추려 원고를 모았다. 좋은 책을 만들기 위해 보충하고 수정하였으나 아직 미흡한 점이 있을 것으로 사료된다. 강의와 연구를 통해 새로운 필요와 최신의 연구결과들이 나올 때마다 지속적으로 개정할 것을 약속드리며, 독자들의 엄중한 질책과 충고를 바란다.

끝으로 이 책의 출판에 도움을 주신 백산출판사의 진욱상 사장님과 편집부 직원 여러분, 무엇보다도 소중한 저자 가족들의 배려에 진심으로 감사드린다.

저자 일동

차 례

제1장 영양과 건강

1. 영양의 개요 • 16
   1) 영양과 영양소 • 16
   2) 영양소의 체내 역할 • 17
2. 영양상태와 건강 • 18
3. 영양소 섭취기준 • 18
   1) 평균필요량 • 19
   2) 권장섭취량 • 19
   3) 충분섭취량 • 19
   4) 상한섭취량 • 20
   5) 만성질환위험감소섭취량 • 20
4. 식사구성안 • 23
   1) 식사구성안의 일반목표 • 23
   2) 식사구성안의 영양목표 • 23
   3) 식품군 분류 • 24
   4) 식품군별 대표식품의 1인 1회 분량 • 25
   5) 권장식사패턴 • 29
   6) 식사모형 • 29
5. 소화와 흡수 • 31
   1) 구강에서의 소화 • 31
   2) 위에서의 소화와 흡수 • 32
   3) 소장에서의 소화와 흡수 • 32
   4) 대장에서의 소화와 흡수 • 32
6. 식사지침 • 33

영양소의 대사과정 • 35

참고문헌 • 36

좀 더 알아보기 • 37

제2장 당질(Carbohydrate)

1. 분류 • 41
   1) 단당류 • 41
   2) 이당류 • 43
   3) 올리고당 • 45
   4) 다당류 • 47
   5) 식이섬유 • 49

2. 소화, 흡수, 대사 · 51

1) 소화 · 51
2) 흡수 · 52
3) 대사 · 53

3. 기능 · 55

1) 에너지원 · 55
2) 혈당 유지 · 55
3) 단백질 절약작용 · 56
4) 케톤증의 방지 · 57
5) 체 구성분 · 57
6) 단맛 제공 · 58

4. 영양문제 · 59

1) 당뇨 · 59
2) 충치 · 63

5. 영양소 섭취기준과 함유식품 · 64

1) 영양소 섭취기준 · 64
2) 함유식품 · 66

현미와 백미의 영양 · 67

설탕의 진실 · 69

참고문헌 · 71
좀 더 알아보기 · 75

제3장 단백질(Protein)

1. 아미노산 · 79

1) 아미노산의 구조 · 79
2) 아미노산의 종류 · 80

2. 분류 · 83

1) 화학적 분류 · 83
2) 영양적 분류 · 85

3. 질소평형 · 87

1) 양의 질소평형 · 88
2) 음의 질소평형 · 88

4. 기능 · 89

1) 에너지원 및 포도당 생성 · 89
2) 신체의 구성분 · 89
3) 면역기능 · 89
4) 효소, 호르몬, 신경전달물질의 형성 · 90
5) 체수분 평형유지 · 90
6) 산·알칼리 평형유지 · 91

5. 영양문제 · 91

1) 결핍증 · 91
2) 과잉증 · 93

6. 소화와 흡수 · 94

1) 소화 · 94
2) 흡수 · 95

7. 영양소 섭취기준과 함유식품 · 95

1) 영양소 섭취기준 · 95
2) 함유식품 · 96

3) 단백질 필요량에 영향을 미치는 요인 • 97

식물성 고기(인조고기) • 99

참고문헌 • 100
좀 더 알아보기 • 103

제4장 지질(Lipid)

1. 지방산 • 106
   1) 포화지방산과 불포화지방산 • 107
   2) 오메가지방산 • 108
   3) 시스지방산과 트랜스지방산 • 110
   4) 필수지방산 • 111
2. 분류 • 113
   1) 중성지방 • 113
   2) 복합지질 • 114
   3) 유도지질 • 116
3. 소화와 흡수 • 117
4. 기능 • 118
   1) 농축된 에너지 급원 • 118
   2) 체 구성분 • 118
   3) 필수지방산의 공급 • 119
   4) 지용성 비타민의 흡수촉진 • 119
   5) 단열재 역할 • 119
   6) 생체기관의 보호 • 119
   7) 기타 • 119
5. 영양문제 • 120
   1) 비만과 대사증후군 • 120
   2) 고지혈증과 관상심장질환 • 121
   3) 암의 촉진 • 122
6. 영양소 섭취기준과 함유식품 • 123
   1) 영양소 섭취기준 • 123
   2) 함유식품 • 124
7. 지질대용품 • 125
   1) 기능 • 125
   2) 종류 • 125
   3) 효과와 문제점 • 126

식물성 식용유와 건강 • 127

참고문헌 • 130
좀 더 알아보기 • 133

제5장 에너지와 체중조절

1. 인체의 에너지 필요량 • 136
   1) 기초대사량 • 137
   2) 활동대사량 • 139
   3) 식품이용을 위한 에너지 소모량 • 140

2. 에너지 균형 • 140
1) 에너지 균형 • 141
2) 에너지 부족 • 141
3) 에너지 과잉 • 142

3. 비만과 건강문제 • 142
1) 비만의 원인 • 142
2) 비만의 판정 • 145
3) 비만의 분류 • 147

4. 섭식장애 • 149
1) 신경성 식욕부진증 • 149
2) 신경성 탐식증 • 150

5. 비만의 치료 • 151
1) 식사요법 • 152
2) 운동요법 • 152
3) 행동수정요법 • 153

다이어트 제안 • 155

외식의 열량가는 얼마나 될까? • 157

참고문헌 • 158
좀 더 알아보기 • 161

제6장 다량무기질(Major minerals)

1. 무기질의 기능 • 165
1) 체조직 구성 • 165
2) 호르몬·효소의 구성 • 165
3) 수분평형 • 165
4) 산·알칼리 평형 • 165

2. 무기질의 소화 및 흡수 • 166

3. 칼슘(Ca) • 166
1) 기능 • 166
2) 소화와 흡수 • 167
3) 혈청 칼슘농도의 조절기전 • 168
4) 영양문제 • 169
5) 영양소 섭취기준과 함유식품 • 169

4. 인(P) • 172
1) 기능 • 173
2) 영양문제 • 173
3) 영양소 섭취기준과 함유식품 • 173

5. 마그네슘(Mg) • 174
1) 기능 • 174
2) 영양문제 • 175
3) 영양소 섭취기준과 함유식품 • 175

6. 황(S) • 176
1) 기능 • 176
2) 영양문제 • 177
3) 영양소 섭취기준과 함유식품 • 177

7. 나트륨(Na) • 177
1) 기능 • 177
2) 영양문제 • 178
3) 영양소 섭취기준과 함유식품 • 178

8. 염소(Cl) • 181
1) 기능 • 181
2) 영양문제 • 181
3) 영양소 섭취기준과 함유식품 • 182

9. 칼륨(K) • 182
1) 기능 • 182
2) 영양문제 • 183
3) 영양소 섭취기준과 함유식품 • 183

소금과 건강 • 185
참고문헌 • 188
좀 더 알아보기 • 191

제7장 미량무기질(Trace minerals)

1. 철(Fe) • 194
1) 기능 • 195
2) 흡수와 대사 • 195
3) 영양문제 • 196
4) 영양소 섭취기준과 함유식품 • 196

2. 아연(Zn) • 198
1) 기능 • 198
2) 영양문제 • 199
3) 영양소 섭취기준과 함유식품 • 199

3. 구리(Cu) • 200
1) 기능 • 201
2) 영양문제 • 201
3) 영양소 섭취기준과 함유식품 • 201

4. 요오드(I) • 202
1) 기능 • 202
2) 영양문제 • 202
3) 영양소 섭취기준과 함유식품 • 203

5. 불소(F) • 204
1) 기능 • 204
2) 영양문제 • 204
3) 영양소 섭취기준과 함유식품 • 204

6. 셀레늄(Se) • 205
1) 기능 • 205
2) 영양문제 • 205
3) 영양소 섭취기준과 함유식품 • 205

7. 망간(Mn) • 206
1) 기능 • 206
2) 영양문제 • 206
3) 영양소 섭취기준과 함유식품 • 207

8. 크롬(Cr) • 207

1) 기능 • 207
2) 영양문제 • 207
3) 영양소 섭취기준과 함유식품 • 208

9. 몰리브덴(Mo) • 208

1) 기능 • 208
2) 영양문제 • 208
3) 영양소 섭취기준과 함유식품 • 209

채식주의와 영양 • 210

참고문헌 • 213
좀 더 알아보기 • 215

제8장 지용성 비타민(Fat-soluble vitamins)

1. 비타민 A(retinol) • 219

1) 체내기능 • 219
2) 영양문제 • 220
3) 영양소 섭취기준과 함유식품 • 221

2. 비타민 D(calciferol) • 222

1) 체내기능 • 223
2) 영양문제 • 224
3) 영양소 섭취기준과 함유식품 • 225

3. 비타민 E(tocopherol) • 225

1) 체내기능 • 225
2) 영양문제 • 227
3) 영양소 섭취기준과 함유식품 • 227

4. 비타민 K • 228

1) 체내기능 • 228
2) 영양문제 • 229
3) 영양소 섭취기준과 함유식품 • 230

참고문헌 • 231
좀 더 알아보기 • 232

제9장 수용성 비타민(Water-soluble vitamins)

1. 비타민 B_1(thiamin) • 236

1) 체내기능 • 236
2) 영양문제 • 237
3) 영양소 섭취기준과 함유식품 • 238

2. 비타민 B_2(riboflavin) • 239

1) 체내기능 • 239
2) 영양문제 • 240
3) 영양소 섭취기준과 함유식품 • 240

3. 니아신(niacin) • 242
1) 체내기능 • 242
2) 영양문제 • 243
3) 영양소 섭취기준과 함유식품 • 244

4. 판토텐산(pantothenic acid) • 245
1) 체내기능 • 245
2) 영양문제 • 246
3) 영양소 섭취기준과 함유식품 • 246

5. 비타민 B_6(pyridoxine) • 246
1) 체내기능 • 247
2) 영양문제 • 247
3) 영양소 섭취기준과 함유식품 • 248

6. 비오틴(biotin) • 250
1) 체내기능 • 250
2) 영양문제 • 250
3) 영양소 섭취기준과 함유식품 • 250

7. 엽산(folate, folic acid) • 251
1) 체내기능 • 251
2) 영양문제 • 252
3) 영양소 섭취기준과 함유식품 • 253

8. 비타민 B_{12}(cobalamin) • 254
1) 체내기능 • 254
2) 영양문제 • 255
3) 영양소 섭취기준과 함유식품 • 255

9. 비타민 C(ascorbic acid) • 256
1) 체내기능 • 257
2) 영양문제 • 258
3) 영양소 섭취기준과 함유식품 • 259

10. 비타민 유사물질 • 261
1) 콜린(choline) • 261
2) 타우린(taurine) • 262
3) 이노시톨(inositol) • 262
4) 카르니틴(carnitine) • 262

파이토케미컬과 영양 • 264
참고문헌 • 266
좀 더 알아보기 • 267

제10장 물

1. 물의 기능 • 271
1) 체조직의 구성분 • 271
2) 영양소와 노폐물의 운반 • 271
3) 체온조절 • 271
4) 전해질 균형 • 271
5) 윤활유 역할 • 272
6) 외부 충격으로부터 보호 • 272
7) 소화·흡수기능 • 272

2. 체내수분의 평형 • 273

1) 수분섭취 • 273
2) 수분배설 • 273
3) 수분평형 • 274
4) 탈수현상 • 275
5) 수분중독증 • 275
6) 부종 • 276

3. 물의 필요량 • 276

1) 물의 급원 • 276
2) 바람직한 수분섭취량 • 278
3) 수분의 필요량을 결정짓는 요인 • 280

참고문헌 • 282
좀 더 알아보기 • 284

정답 • 285

찾아보기 • 287

제1장

영양과 건강

제1장

영양과 건강

1. 영양의 개요

1) 영양과 영양소

영양(nutrition)이란 살아 있는 유기체가 생명을 유지하고, 성장·발육을 하며, 장기와 조직의 정상적인 기능을 유지하고 에너지의 생성을 위하여 음식물을 이용하는 과정을 말한다. 이러한 영양의 목적에 이용되는 물질을 영양소(nutrients)라 하며, 필수영양소의 종류는 표 1-1과 같다.

표 1-1 필수영양소의 종류

당질	단당류(포도당, 과당, 갈락토오스) 이당류(자당, 맥아당, 유당), 올리고당 다당류(전분, 글리코겐, 섬유소)
단백질	아미노산(루신, 리신, 메티오닌, 발린, 이소루신, 트레오닌, 트립토판…) 단순단백질, 복합단백질, 유도단백질
지질	지방산(포화지방산, 불포화지방산) 중성지방, 인지질, 콜레스테롤
무기질	다량무기질(칼슘, 인, 나트륨, 염소, 칼륨, 마그네슘) 미량무기질(철, 아연, 구리, 불소, 망간, 요오드, 셀레늄, 크롬)
비타민	지용성(비타민 A, D, E, K) 수용성(비타민 B_1, B_2, B_3, B_5, B_6, B_7, B_9, B_{12}, C)
물	물

2) 영양소의 체내 역할

(1) 에너지 공급

당질, 단백질 및 지질은 체내에서 대사되어 1g당 각각 4kcal, 4kcal 및 9kcal의 에너지를 발생시킨다. 이들 에너지는 다양한 형태의 에너지로 전환되어 체내에서 이용된다.

(2) 신체의 구성

신체에는 성장과 유지, 소모된 조직의 보수를 위하여 지속적인 영양소의 공급이 필요하다. 인체를 구성하는 원소 중 유기물질은 탄소 18%, 수소 10%, 산소 65%, 질소 3%로 인체의 96%를 차지한다. 나머지는 무기질로 구성되어 있다. 인체를 구성하는 영양소는 수분이 전체의 65%, 단백질은 16% 수준이며, 지질은 평균 15% 수준이다.

(3) 생리기능의 조절

비타민과 무기질은 체내에서 에너지원으로 이용되지는 않지만 체내대사 및 생리적인 기능이 원활히 이루어지게 하는 보조인자로써 조절작용을 한다.

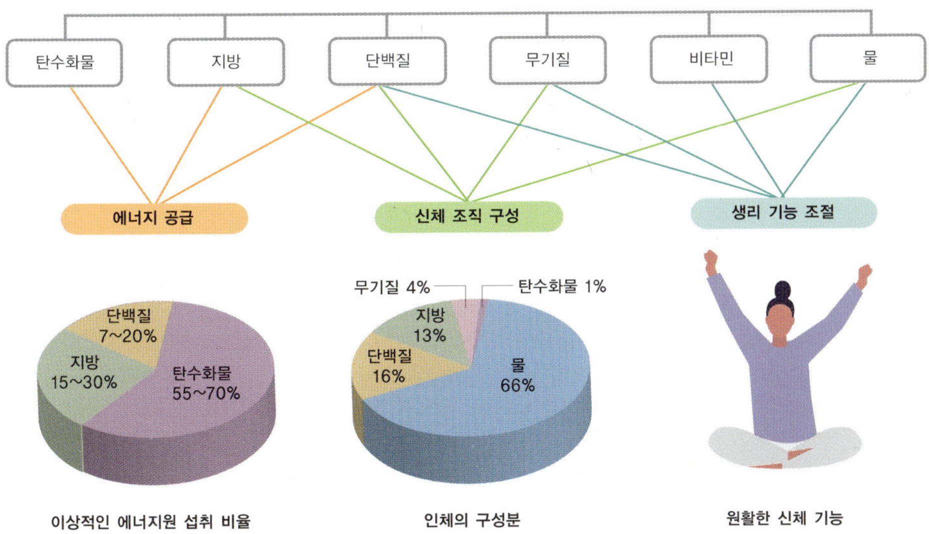

그림 1-1 영양소와 인체 내 기능

2. 영양상태와 건강

바람직한 영양상태는 신체필요량에 의해 충족되고 체내에 영양소가 약간 저장되어 있는 정도이다. 개인의 영양상태는 모든 영양소가 적절히 공급되는 양호한 영양상태에서 갑자기 심각한 영양결핍증이나 영양과잉증으로 변화되지 않는다. 즉 임상적인 소견을 나타내는 영양결핍증이나 영양과잉증은 준영양결핍 또는 준영양과잉 상태를 거쳐 장기간 동안 영양불균형이 지속되어 나타난다. 영양결핍이 되면 체내저장량이 고갈되고 효소활성이 저하되며 대사과정에 문제가 생긴다. 영양결핍이 지속되면 피부, 머리카락, 손톱, 입 등에 임상증상을 유발한다. 반면에 영양과잉상태가 지속되면 영양소가 체내에 과다하게 저장되어 독증세를 유발하게 된다(그림 1-1).

3. 영양소 섭취기준

한국인영양소 섭취기준(Dietary Reference Intakes Koreans, KDRIs)은 건강한 개인 및 집단을 대상으로 하여 국민의 건강을 유지·증진하고 식사와 관련된 만성질환의 위험을 감소시켜서 국민의 건강수명을 증진하기 위한 목적으로 설정된 것으로 에너지 및 영양소 섭취 부족으로 인한 결핍증 예방과 과잉 섭취로 인한 건강문제 예방 및 만성질환에 대한 위험의 감소까지 포함하고 있다. 즉, 안전하고 충분한 영양을 확보하는 기준치인 평균필요량(Estimated Average Requirement, EAR), 권장섭취량(Recommended Nutrient Intake, RNI), 충분섭취량(Adequate Intake, AI)의 3가지 지표와 과잉섭취로 인한 건강문제 예방을 위한 상한섭취량(Tolerable Upper Intake Level, UL) 그리고 만성질환위험감소섭취량(Chronic Disease Risk Reduction intake, CDRR)을 포함하고 있다.

영양소 필요량에 대한 과학적 근거가 충분한 경우에는 평균필요량과 권장섭취량을 제정하였고, 과학적 근거가 충분하지 않은 경우에는 충분섭취량을, 과잉섭취로 인한 위해의 과학적 근거가 있는 경우에는 상한섭취량을 제정하였다. 상한섭취량이 제정되어 있지 않다고 하여 위해성을 완전히 배제할 수는 없다. 에너지 불균형으로 인해 나타나는 만성질환에 대한 위험을 감소시키기 위해 탄수화물, 지방, 단백질의 에너지 적정비율을 제정하였다. 심혈관질환과 고혈압 등 만성질환과 영양소의 관계를 검토하여 과학적 근거가 확보된 영양소에 대해서는 만성질환위험감소섭취량을 제정하였다.

1) 평균필요량

평균필요량(Estimated Average Requirement, EAR)은 건강한 사람들의 1일 영양소 필요량의 중앙값으로부터 산출한 수치이다. 모든 영양소의 기능적 지표가 알려져 있는 것이 아니므로, 일부 영양소에 대해서는 인체 필요량을 추정할 수 없는데 특히 개인의 에너지 필요량을 측정하는 것에는 기술적인 문제 등 제한점이 있으므로(에너지평형을 이룬 상태로 가정하고) 에너지 필요량은 에너지 소비량을 통해 추정하고 있다. 따라서 에너지는 평균필요량이라는 용어 대신에 필요추정량(Estimated Energy Requirements, EER)이라는 용어를 사용한다.

2) 권장섭취량

권장섭취량(Recommended Nutrient Intake, RNI)은 인구집단의 약 97.5%에 해당하는 사람들의 영양소 필요량을 충족시키는 섭취수준으로, 평균필요량에 표준편차 또는 변이계수의 2배를 더하여 산출하였다.

3) 충분섭취량

충분섭취량(Adequate Intake, AI)은 영양소의 필요량을 추정하기 위한 과학적 근거가 부족한 경우, 대상 인구집단의 건강을 유지하는 데 충분한 양을 설정한 수치로 실험연구 또는 관찰연구에서 확인된 건강한 사람들의 영양소 섭취량 중앙값을 기준으로 정했다. 따라서 충분섭취량은 대상 집단의 영양소 필요량을 어느 정도 충족시키는지 확실하지 않기 때문에, 대상집단의 약 97.5%에 해당하는 사람들의 필요량을 충족시키는 양인 권장섭취량과는 차이가 있다.

4) 상한섭취량

상한섭취량(Tolerable Upper Intake Level, UL)이란 인체에 유해한 영향이 나타나지 않는 최대 영양소 섭취 수준이므로, 과량을 섭취할 때 유해영향이 나타날 수 있다는 과학적 근거가 있을 때 설정할 수 있다. 상한섭취량은 유해영향이 나타나지 않는 최대 용량인 최대무해용량(No Observed Adverse Effect Level, NOAEL)과 유해영향이 나타나는 최저 용량인 최저유해용량(Lowest Observed Adverse Effect Level, LOAEL)자료를 근거로 불확실계수(Uncertainty Factor, UF)를 감안하여 설정하였다.

상한섭취량=최대무해용량 또는 최저유해용량/불확실계수

5) 만성질환위험감소섭취량

만성질환위험감소섭취량(Chronic Disease Risk Reduction intake, CDRR)이란 건강한 인구집단에서 만성질환의 위험을 감소시킬 수 있는 영양소의 최저섭취량이며 그 기준치 이하로 섭취량을 감소시키라는 의미가 아니라 그 기준치보다 높게 섭취할 경우 전반적으로 섭취량을 줄이면 만성질환에 대한 위험을 감소시킬 수 있다는 근거를 중심으로 도출된 섭취기준이다.

한국인 영양소 섭취기준은 그림 1-2와 같이 국가, 지역사회, 개인 단위의 각 분야에서 활용할 수 있다. 개인은 개별적으로 영양소 섭취실태 평가나 식단 계획 시 영양소 섭취기준을 활용하고, 학교에서는 급식 및 학생 대상으로 영양상태 평가, 영양교육 시 가이드라인으로 활용하고, 병원에서는 환자 급식계획, 영양상태평가, 식사지도 등에 활용한다. 산업체는 제품개발, 식품표시 등에 활용하고 정부부처는 식생활관련 정책 및 영양/건강 사업의 계획, 실행, 평가 시에 활용한다.

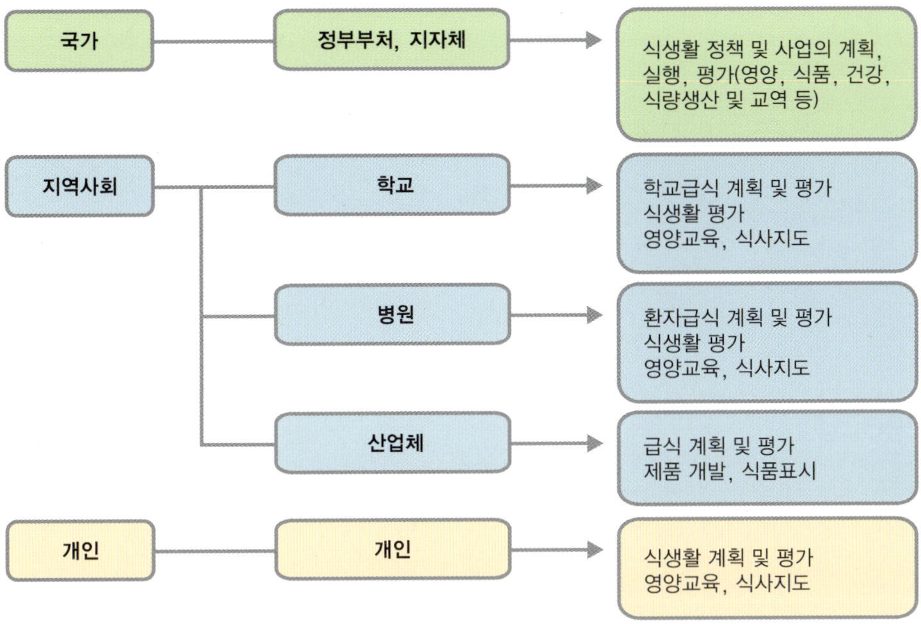

그림 1-2 각 분야별 영양소 섭취기준 활용

19~29세 한국 성인 남녀의 영양소 섭취기준은 표 1-2와 같다.

표 1-2 19~29세 한국 성인의 영양소 섭취기준

	남자					여자				
	평균 필요량	권장 섭취량	충분 섭취량	상한 섭취량	만성질환 위험감소 섭취량	평균 필요량	권장 섭취량	충분 섭취량	상한 섭취량	만성질환 위험감소 섭취량
에너지(kcal/일)	2,600					2,100				
탄수화물(g/일)	100	130				100	130			
식이섬유(g/일)			30					30		
단백질(g/일)	50	65				45	55			
액체(mL/일)			1,200					1,000		
총수분(mL/일)			2,600					2,100		
비타민 A(μgRAE/일)	570	800		3,000		460	650		3,000	
비타민 D(μg/일)			10	100				10	100	
비타민 E(μg/일)			12	540				12	540	
비타민 K(μg/일)			75					65		
비타민 C(mg/일)	75	100		2,000		75	100		2,000	
티아민(mg/일)	1.0	1.2				0.9	1.1			
리보플라빈(mg/일)	1.3	1.5				1.0	1.2			
니아신(mg/일)	12	16		35/1000[1)]		11	14		35/1000[1)]	
비타민 B_6(mg/일)	1.3	1.5		100		1.2	1.4		100	
엽산(μgDFE/일)	320	400		1,000		320	400		1,000	
비타민 B_{12}(μg/일)	2.0	2.4				2.0	2.4			
판토텐산(μg/일)			5					5		
비오틴(μg/일)			30					30		
칼슘(mg/일)	650	800		2,500		550	700		2,500	
인(mg/일)	580	700		3,500		580	700		3,500	
나트륨(mg/일)			1,500		2,300			1,500		2,300
염소(mg/일)			2,300					2,300		
칼륨(mg/일)			3,500					3,500		
마그네슘(mg/일)	300	360		350		230	280		350[2)]	
철(mg/일)	8	10		45		11	14		45	
아연(mg/일)	9	10		35		7	8		35	
구리(μg/일)	650	850		10,000		500	650		10,000	
불소(mg/일)			3.4	10				2.8	10	
망간(mg/일)			4.0	11				3.5	11	
요오드(μg/일)	95	150		2,400		95	150		2,400	
셀레늄(μg/일)	50	60		400		50	60		400	
몰리브덴(μg/일)	25	30		600		20	25		500	
크롬(μg/일)			30					20		

자료 : 보건복지부(2020), 2020 한국인 영양소 섭취기준
1) 니코틴산/니코틴아미드
2) 식품 외 급원의 마그네슘에만 해당

4. 식사구성안

식사구성안은 일반인에게 영양소 섭취기준에 충족되는 식사를 제공할 수 있는 식품의 양과 종류를 선택할 수 있도록 고안된 식사계획안이다. 성별과 연령을 기준으로 몇 개의 그룹으로 분류하고 각 그룹에 대하여 식품군별 식품의 1회 분량의 섭취횟수를 적절하게 제시하여 그룹의 특성에 따라 선택하여 사용할 수 있다.

1) 식사구성안의 일반목표

식사구성안은 일반 건강인을 대상으로 전반적인 건강을 증진시키기 위한 것이며 한 가지 질병의 예방이나 치료를 위한 것은 아니다. 일반인이 유용하게 사용할 수 있어야 하며, 실생활에서 실용적으로 사용 가능하도록 하고, 사용자의 생활습관이나 미각에 따라 변화나 대체가 용이해야 한다.

2) 식사구성안의 영양목표

에너지는 필요추정량의 100%를 목표로 한다. 단백질 섭취는 일상적으로 섭취하는 양이 권장섭취량보다 크게 높다. 그러나 권장섭취량 이상 섭취해도 한국인의 영양소 섭취기준의 에너지 적정비율에서 제시하고 있는 비율인 15% 정도의 비율인 경우 특별히 영양상 문제가 없으므로 총에너지의 15% 정도를 공급한다. 비타민과 무기질은 100% 권장섭취량 또는 충분섭취량, 상한섭취량 미만을 섭취하고 식이섬유는 100% 충분섭취량을 공급한다. 지방, 나트륨, 당류는 섭취 시에 절제가 필요하다.

표 1-3 식사구성안의 영양목표

1. 적절한 섭취	
에너지	100% 에너지 필요 추정량
단백질	총에너지의 15% 정도
비타민	100% 권장섭취량 또는 충분섭취량, 상한섭취량 미만
무기질	100% 권장섭취량 또는 충분섭취량, 상한섭취량 미만
식이섬유	100% 충분섭취량
2. 섭취의 절제	
지방	총에너지의 15~30%[1)] 정도
나트륨	소금 5g 이하
당류	설탕, 물엿 등의 첨가당을 되도록 적게

1) 성인기준이며 유아, 아동 및 청소년의 경우 15~30%임

3) 식품군 분류

식품성분표에 제시된 식품들은 한국인의 대표적인 식사패턴, 영양소 함량, 식품 분류체계 등을 고려하여 6가지 식품군으로 분류한다.

표 1-4 식품군의 분류

식품군	주요 영양소
곡류	당질
고기, 생선, 달걀, 콩류	단백질, 지질
채소류	비타민, 무기질, 식이섬유
과일류	비타민, 무기질, 식이섬유
우유, 유제품류	단백질, 칼슘
유지, 견과, 당류	지질, 단순당질

4) 식품군별 대표식품의 1인 1회 분량

6가지 식품군의 대표식품은 기억하기 쉽고 사용하기 편하도록 한국인이 일반적으로 1회에 섭취하는 식품의 양과 가장 근접한 양을 정하였다. 권장섭취패턴을 제시하기 위해서 국민건강영양조사보고서를 참조하여 식품군별 대표식품의 1인 1회 분량을 설정하였다.

표 1-5 곡류 식품군

	품목	식품명	분량(g)	비고	섭취 횟수
곡류 (300㎉)	곡류	쌀, 보리쌀, 찹쌀, 현미, 혼합잡곡	90	1공기	1회
		쌀밥, 보리밥	210		1회
	면류	삶은 면	300	1대접	1회
		생면-우동, 칼국수	200		1회
		건면-국수용	100	국수묶음 두께 2.5㎝	1회
		냉면국수, 메밀국수	100	국수묶음 두께 2.5㎝	1회
	떡류	흰떡-떡국용	130	1컵(썬 것)	1회
		찹쌀떡, 시루떡	130		1회
	빵류	식빵, 빵류	100	큰 것 2쪽, 1개	1회
	시리얼류	콘플레이크 등	40		0.5회
	감자류	감자	130	중 1개	0.5회
		고구마	130	중 1/2개	0.5회
	기타	메밀묵	200		0.5회
		밤	100	큰 것 5개	0.5회

표 1-6 고기, 생선, 달걀, 콩류

	품목	식품명	분량(g)	비고	섭취 횟수
고기, 생선, 달걀, 콩류 (100kcal)	육류	쇠고기, 돼지고기, 닭고기, 햄	60		1회
	어패류	갈치, 삼치, 꽁치, 고등어, 동태, 가자미, 조기, 넙치, 참치, 어묵, 참치통조림, 미꾸라지, 민물장어	60	작은 것 한 토막	1회
		생굴, 조갯살, 꽃게	80		1회
		오징어, 낙지, 새우	80		1회
		건멸치, 건조기, 건오징어	15		1회
	난류	달걀 메추리알	60	중 1개 5개	1회
	콩류	검정콩, 대두	20		1회
		두부	80		1회
		두유	200		1회
	견과류	땅콩	10	15알 내외	0.5회
		깨	10	1스푼	0.5회
		호두	10		0.5회

표 1-7 채소류

	품목	식품명	분량(g)	비고	섭취 횟수
채소류 (15kcal)	채소류	고구마줄기, 고사리, 시금치, 풋고추, 근대, 깻잎, 무청, 부추, 돌미나리, 배추, 상추, 쑥, 쑥갓, 아욱, 취나물, 애호박, 두릅, 오이, 콩나물, 숙주나물, 머위, 무, 배추, 양배추, 양파, 가지, 당근, 늙은호박, 토마토	70	1접시	1회
		나박김치, 오이소박이, 동치미	60		1회
		갓김치, 깍두기, 배추김치, 열무김치, 총각김치, 단무지	40		1회
		우엉, 도라지, 파, 파김치	25		1회
		마늘	10		1회
		토마토주스	100		1회
	해조류	다시마, 미역, 파래(생것)	30		1회
		김	2	1장	1회
	버섯류	느타리, 양송이, 팽이, 표고(생것)	30		1회

표 1-8 과일류

	품목	식품명	분량(g)	비고	섭취 횟수
과일류 (50kcal)	과일류	딸기, 수박, 참외	200	딸기 10개	1회
		귤, 감, 바나나, 망고, 키위, 사과, 배, 복숭아, 오렌지, 포도, 파인애플	100	귤(중) 1개 사과(중) 1/2개	1회
	주스류	오렌지주스, 귤주스, 사과주스, 포도주스	100	1/2컵	1회

표 1-9 우유, 유제품

	품목	식품명	분량(g)	비고	섭취 횟수
우유, 유제품류 (125kcal)	우유	우유	200	1컵(1개)	1회
	유제품	치즈	20	1장	0.5회
		요구르트(호상)	100	1/2컵(1개)	1회
		요구르트(액상)	150	3/4컵(1개)	1회
		아이스크림	100	1/2컵(1개)	1회

표 1-10 유지, 당류

	품목	식품명	분량(g)	비고	섭취 횟수
유지, 당류 (45kcal)	유지류	버터, 마요네즈, 커피프림, 참기름, 콩기름, 들기름, 옥수수기름	5	1작은술	1회
		커피믹스	12	1봉	1회
	당류	꿀, 설탕, 당밀/시럽, 사탕	10	1큰술	1회

식품군별 대표식품의 항목 및 1인 1회 분량의 조정을 거쳐 최종 확정된 식품군별 1인 1회 분량은 다음과 같다.

식품군	1인 1회 식품					
곡류	밥 1공기 (210g)	백미 (90g)	국수 1대접 (건면 100g)	냉면국수 1대접 (건면 100g)	떡국용떡 1인분(130g)	식빵 2쪽 (100g)
고기, 생선, 달걀, 콩류	육류 1접시 (생 60g)	닭고기 1조각 (생 60g)	생선 1토막 (생 60g)	콩 (20g)	두부 2조각 (80g)	달걀 1개 (60g)
채소류	콩나물 1접시 (생 70g)	시금치나물 1접시(생 70g)	배추김치 1접시(생 40g)	오이소박이 1접시(생 60g)	버섯 1접시 (생 30g)	물미역 1접시 (생 30g)
과일류	사과(중) 1/2개 (100g)	귤(중) 1개 (100g)	참외(중) 1/2개 (200g)	포도 1/3송이 (100g)	수박 1쪽 (200g)	오렌지주스 1/2컵(100ml)
우유, 유제품류	우유 1컵 (200ml)	치즈 1장 (20g)	호상요구르트 1/2컵(100g)	액상요구르트 3/4컵(150g)	아이스크림 1/2컵(100g)	

그림 1–3 식품군별 대표식품의 1인 1회 분량

5) 권장식사패턴

권장식사패턴은 각 연령별로 영양소 요구량을 충족하는 식사구성의 예를 제시한 것이다. 권장식사패턴을 개발하는 과정은 우선 연령별, 성별 에너지 필요량을 이용하여 기준에너지를 결정하고, 식품군별 대표식품 및 1인 1회 분량을 설정한다. 국민건강영양조사 자료와 식품영양가표를 이용하여 대표 영양가표를 산출하고 기준에너지와 영양목표에 맞추어 식품군의 섭취 횟수를 조절한 권장식사패턴을 작성한다. 따라서 식품군별 대표식품에 따른 1인 1회 분량과 권장식사패턴을 이용하면 개인의 식사계획 및 식단구성을 쉽게 할 수 있다.

어린이와 성인의 음식섭취 양상이 다르고, 우유, 유제품에 대한 기호도 차이가 크므로 A타입에서 어린이와 청소년은 우유, 유제품을 2회 섭취하는 것을 기준으로 하고, B타입에서 성인은 우유, 유제품을 1회 사용하는 것을 기준으로 하였다.

표 1-11 권장식사 패턴 (섭취횟수)

식품군	A 타입					B 타입			
	1,400	1,600	1,800	2,000	2,600	1,600	1,900	2,000	2,400
	3~5세 유아	6~11세 여	6~11세 남	12~18세 여	12~18세 남	65세 이상 여	19~64세 여	65세 이상 남	19~64세 남
곡류	2	2.5	3	3	4	3	3	3.5	4
고기, 생선, 달걀, 콩류	3	3	3	4	6	2.5	4	4	5
채소류	5	5	5	7	7	5	7	7	7
과일류	1	1	1	2	2	1	2	1	3
우유, 유제품	2	2	2	2	2	1	1	1	1
유지, 당류	2	3	3	4	6	3	4	4	5

6) 식사모형

식사모형은 식품구성자전거(food balance wheel)를 사용하였다. 식품군의 상징

색은 미국 식품피라미드의 식품군 색과 동일하게 하여 국제적인 영양교육에 통일성을 기하였다. 운동을 권장하기 위하여 자전거의 이미지를 사용하였으며 자전거의 바퀴 중 뒷바퀴는 5개의 식품군에 맞게 권장식사패턴의 섭취횟수와 분량에 비례하도록 면적을 배분하였다. 앞바퀴는 물잔 이미지를 넣어서 수분의 중요성을 강조하였다. 이는 적절한 영양과 건강을 유지하기 위하여 권장식사패턴을 기준으로 한 균형 잡힌 식사와 수분섭취의 중요성을 의미하며 적절한 운동을 통한 비만예방이라는 기본 개념을 나타낸 것이다. 식품군별 대표식품의 1인 1회 분량을 기준으로 섭취 횟수를 활용하여 개인별 권장섭취 패턴을 계획하거나 평가할 수 있다.

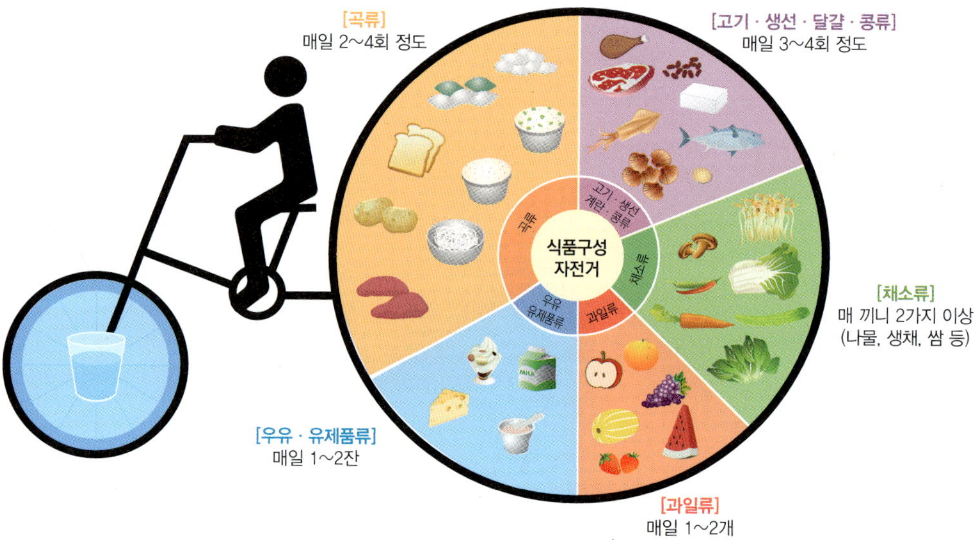

그림 1-4 식품구성자전거 모형

건강한 식생활을 위한 ABC

A : Adequacy of diet(적당한 식사량)

B : Balance in diet(균형잡힌 식사)

C : Calorie control(에너지 조절)

D : Diversity in food choice(다양한 식사)

E : Exercise(규칙적인 운동)

5. 소화와 흡수

소화(digestion)란 음식물이 흡수되기 쉬운 형태로 가수분해되는 것을 의미한다. 좁은 의미로는 각종 효소에 의한 화학적 분해를 말하며, 넓은 의미로는 음식물을 씹어 타액과 혼합하여 삼키는 물리적 소화와 대장 내에서 일어나는 미생물에 의한 발효, 즉 생물학적 소화의 의미도 포함된다.

흡수(absorption)란 가수분해된 물질이 소장 융모의 상피세포벽을 통과하여 체내로 이동하는 것을 말한다. 흡수기전은 단순확산, 촉진확산 및 능동수송에 의하여 이루어진다. 인체의 소화기관은 그림 1-5와 같다.

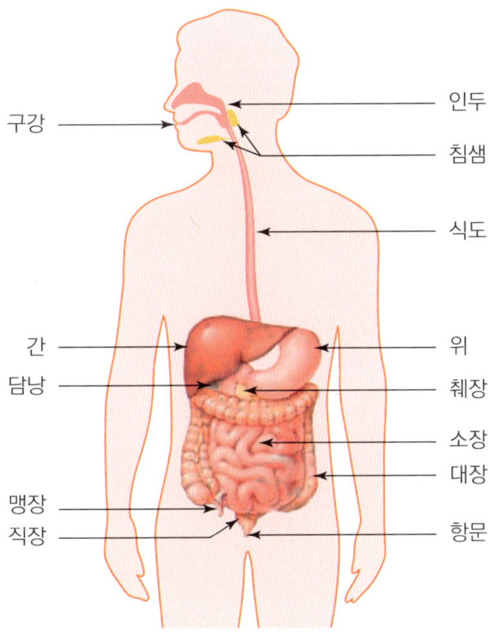

그림 1-5 소화기관

1) 구강에서의 소화

구강에서는 타액이 분비되어 음식과 섞여 연동운동을 통해 식도로 보낸다. 타액에는 프티알린(ptyalin), 점액 등이 함유되어 있다. 프티알린은 전분을 분해하여 덱스트린(dextrin)이 되고 씹을수록 단맛이 나게 한다. 점액은 음식을 삼키기 쉽고 매끄럽게 해주는 역할을 한다.

2) 위에서의 소화와 흡수

식도를 통하여 위로 들어온 음식물은 기계적·화학적 소화과정을 통하여 걸쭉한 유미즙이 되어 소장으로 이동한다. 음식물이 위에 머무르는 시간은 영양소에 따라 다르다. 당질이 가장 먼저 위를 떠나고 다음은 단백질, 지질의 순서이다. 액체식품은 고체식품보다 더 빨리 위를 통과한다. 위에서 위산이 분비되어 식품을 섞는다. 펩신(pepsin)이 분비되어 단백질을 일부 가수분해한다. 지질가수분해효소도 분비되지만 그 작용은 약하다. 어린이의 위액 중에는 레닌(rennin)이 분비되어 유즙 중의 카세인(casein)을 파라카세인(paracasein)으로 응고시킨다. 고형질로 변한 파라카세인은 위에 오래 머물면서 펩신의 작용을 천천히 받아 분해된다. 알코올은 위에서 일부 흡수된다.

3) 소장에서의 소화와 흡수

거의 모든 영양소는 소장에서 소화되고 흡수된다. 산성의 유미즙이 십이지장으로 내려오면 췌액이 분비되어 위의 내용물을 중화시킨다. 췌액 중의 당질, 단백질 및 지질가수분해효소가 소장으로 분비되어 영양소를 흡수되기 쉬운 형태로 분해시킨다. 당질은 단당류 형태로, 단백질은 아미노산 형태로, 지질은 지방산과 글리세롤의 형태로 분해된 후 흡수된다. 가수분해된 영양소는 소장의 융모를 통하여 흡수된 후 단당류와 아미노산은 혈관을 통해, 지질성분은 임파관으로 운반된다.

4) 대장에서의 소화와 흡수

대장에서는 주로 물과 염분, 그리고 장내 세균에 의하여 합성된 일부 비타민의 흡수가 이루어진다. 인체 내에는 섬유소를 가수분해하는 효소가 없으나 대장 내 미생물에 의하여 일부 가수분해되어 흡수된다. 대장은 찌꺼기를 저장하며 배출한다.

6. 식사지침

만성질환의 주요 원인이 되는 부적절한 식생활 습관을 개선하기 위하여 2009년 보건복지부는 국민의 질병양상과 식생활특성에 맞는 한국인을 위한 식생활목표와 한국인을 위한 식생활지침 및 성인을 위한 식생활실천지침, 노인을 위한 식생활실천지침 등을 설정하였다. 한국 성인을 위한 식생활지침은 다음과 같다.

그림 1-6 성인을 위한 식사지침(보건복지부, 2009)

성인을 위한 식사지침

채소, 과일, 우유제품을 매일 먹자.

- 여러 가지 채소를 매끼 먹는다.
- 다양한 제철과일을 먹는다.
- 우유, 요구르트, 치즈 등 우유제품을 간식으로 먹는다.

지방이 많은 고기와 튀긴 음식을 적게 먹자.

- 고기는 기름을 떼어내고 먹는다.
- 튀기거나 볶은 음식을 적게 먹는다.
- 등푸른 생선을 자주 먹는다.

짠 음식을 피하고 싱겁게 먹자.

- 장아찌, 젓갈 같은 짠 음식을 적게 먹는다.
- 음식을 만들거나 먹을 때 소금이나 간장을 적게 사용한다.
- 국과 찌개의 국물을 적게 먹는다.

활동량을 늘리고 알맞게 섭취하자.

- 운동을 1회 30분 이상, 1주 3~4회 실천한다.
- 생활 속에서의 신체활동을 늘린다.
- 단 음식과 단 음료를 제한한다.
- 건강 체중을 유지한다.

술을 마실 때는 하루 1~2잔 이내로 제한하자.

- 음주는 되도록 피한다.
- 남자는 하루 2잔, 여자는 1잔 이내로 제한한다.
  (여기서 2잔은 소주로는 3잔, 맥주로는 2캔, 양주로는 2잔에 해당된다.)
- 임신부나 청소년은 절대 술을 마시지 않는다.

세 끼 식사를 규칙적으로 즐겁게 하자.

- 아침을 거르지 않는다.
- 저녁식사는 가족과 함께 즐겁게 한다.

음식을 먹을 만큼 준비하고 위생적으로 관리하자.

- 음식은 먹을 만큼 만들거나 주문한다.
- 남은 음식은 바로 냉장보관하고 오래 두지 않는다.

밥을 주식으로 하는 우리 식생활을 즐기자.

- 밥과 다양한 반찬을 갖춘 식사로 영양의 균형을 유지한다.

영양소의 대사과정

단백질, 탄수화물, 지질은 각각 분해되어 TCA 회로를 중심으로 전자전달계를 통하여 에너지를 생성하며 각 대사과정에는 일부 무기질과 수용성 비타민이 효소부활제 및 조효소의 구성분으로 관여한다(그림 1-7).

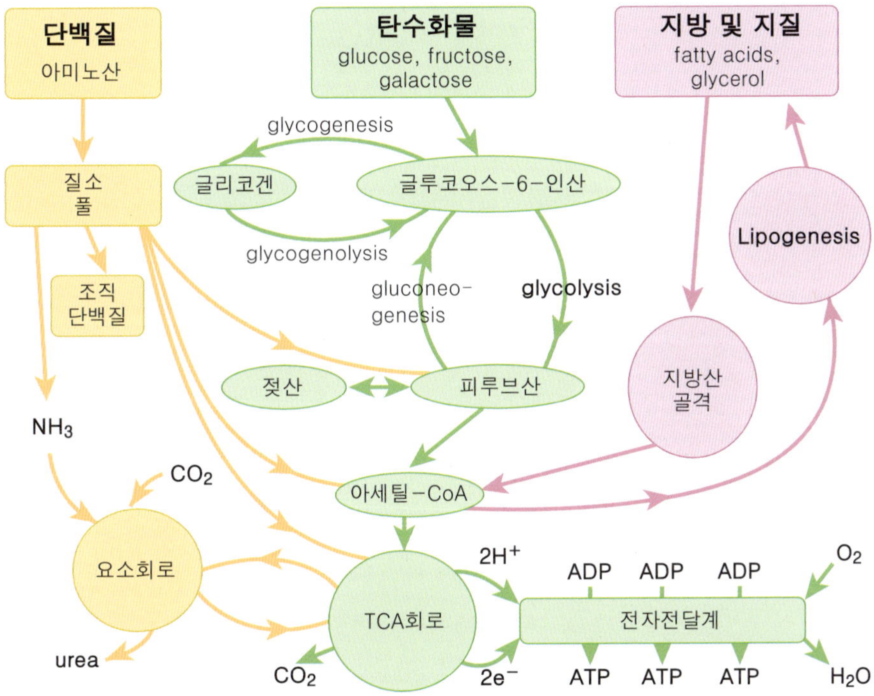

그림 1-7 3대 영양소의 대사경로

참고문헌

대한비만학회 대구경북지회 편(2007). 비만치료가이드. 다이어트, 음식, 그리고 비만. 도서출판 한미의학.

민경찬, 이영남, 김현오, 김관우, 이애랑, 황금희, 이정실, 김애정, 김미옥, 박명수(2006). 기초영양학. 광문각.

박태선, 김은경(2006). 현대인의 생활영양. 교문사.

보건복지부(2009). 한국인을 위한 식생활 지침 보고서.

보건복지부(2020). 2020 한국인 영양소 섭취기준.

서정숙, 서광희, 이승교, 정현숙(2006). 영양학. 지구문화사.

장유경, 박혜련, 변기원, 이보경, 권종숙(2006). 기초영양학. 교문사.

장유경, 변기원, 이보경, 이종현, 이홍미, 조영연(2011). 임상영양관리, 도서출판 효일.

한국영양학회 편집부(2010). 한국인 영양섭취기준. 한국영양학회.

한국영양학회(2016). 2015 한국인 영양섭취기준. 한국영양학회.

Bowman B.A., and Russell R.M.(2001). Present Knowledge in Nutrition. 8th ed. ILSI Press.

Karen Eich Drummond, Lisa M. Brefere(2009). Nutrition for foodservice and culinary professionals. 6th ed. John Wiley & Sons, Inc.

Sareen S. Gropper, Jack L. Smith, and James L. Groff(2007). Advanced Nutrition and Human Metabolism. 4th ed. Thomson.

Shils Maurice E., Olson James A., and Shike Moshe(2005). Modern Nutrition in Health and Disease. 10th ed. Lippincott Williams & Wilkins.

좀 더 알아보기

1. 필수영양소의 종류를 알아보자.

2. 영양소를 기능별로 분류하여 보자.

3. 위, 소장에서 분비되는 소화와 흡수에 관여하는 효소를 알아보자.

※ 다음 질문에 대하여 O, X로 답하시오.

4. 영양소의 평균필요량은 인구집단의 97.5%의 영양필요량을 충족시킨다. ( )

5. 기초식품군은 영양소를 중심으로 분류한 것으로 6가지 군으로 되어 있다. ( )

6. 식품구성자전거의 자전거 뒷바퀴는 3대영양소의 균형섭취를 위하여 권장식사패턴 섭취횟수와 분량에 비례하도록 면적을 배분한 것이다. ( )

7. 구강에서 당질이 가수분해되어 단맛을 낸다. ( )

8. 위에서는 영양소가 전혀 흡수되지 않는다. ( )

9. 소장에서는 장내 미생물에 의하여 일부 가수분해된 영양소가 흡수된다. ( )

제2장

당질
(Carbohydrate)

제2장

당질(Carbohydrate)

당질은 탄소(C), 수소(H) 및 산소(O)로 구성되어 있으며, 광합성에 의하여 합성되는 가장 경제적이고 소화가 잘되는 중요 에너지원(그림 2-1)이다. 쌀, 밀, 옥수수 등의 곡류와 감자, 고구마 등의 서류 및 설탕 등에 많이 함유되어 있다. 과일에는 주로 포도당과 과당 등으로 존재하고, 채소에는 주로 수분과 섬유질로 존재한다. 당질은 크게 과당, 포도당, 설탕과 같은 단순당질과 전분, 섬유소와 같은 복합당질로 분류된다.

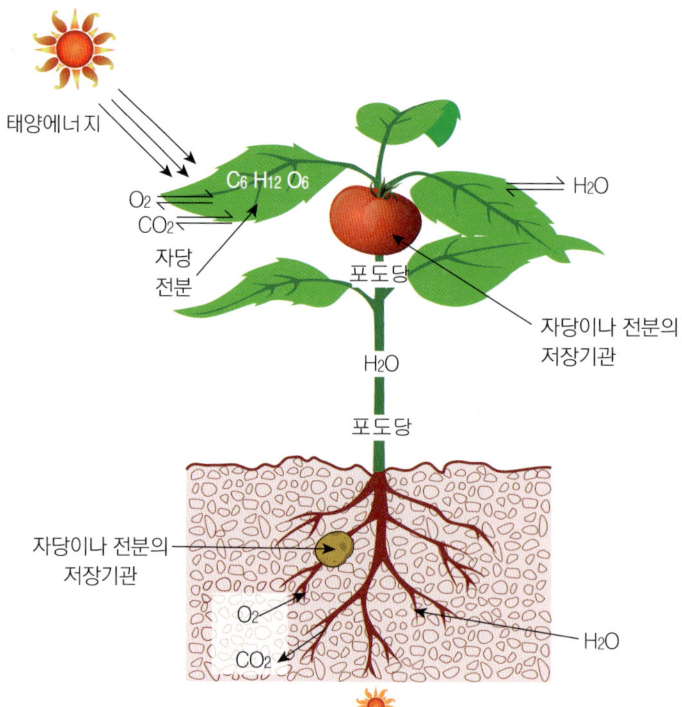

$$6CO_2 + 6H_2O \longrightarrow C_6H_{12}O_2 + 6O_2$$

그림 2-1 당질의 광합성과정

1. 분류

1) 단당류(monosaccharide)

단당류는 가수분해로 더 이상 분해되지 않으며 대표적인 단당류로 포도당, 과당, 갈락토오스가 있다.

(1) 포도당(glucose)

포도당은 자연계에 존재하는 가장 풍부한 당으로 광합성에 의하여 최초로 생합성되며, 전분을 구성한다. 과일과 곡류, 꿀에 많이 함유되어 있고, 특히 포도에 많다. 사람의 혈액 중에는 0.1% 정도 함유되어 있고, 두뇌와 적혈구의 중요 에너지원이다. 여분의 포도당은 간이나 근육에 글리코겐으로 저장되며, 과잉의 포도당은 체내 지방으로 저장된다.

(2) 과당(fructose)

과일과 꿀에 많으며 천연 당질 중에서 가장 단맛이 강하다. 동물성 식품에는 적으며 정자의 에너지원으로 크게 작용한다. 과당은 차갑고 산성인 음료에서 단맛이 강하게 느껴지며, 뜨겁거나 구운 제품에서는 포도당과 같은 정도의 단맛을 낸다. 과당을 가열하면 단맛이 1/3로 감소된다.

과일을 섭취하면 살찌는 이유 : 우리의 신체는 포도당에 반응하여 인슐린을 분비시켜 포만감을 유발한다. 혈당이 높아지면 인슐린 분비가 촉진되고 렙틴이 분비되어 포만감을 느끼게 한다. 그러나 과일에 많은 과당은 인슐린의 분비를 촉진시키지 않고 렙틴의 분비도 촉진시키지 않는다. 과당은 포도당보다 세포에서 더 쉽게 지방으로 축적된다. 또한 공복호르몬의 양이 유지되어 음식을 더 먹고 싶은 욕구가 감소되지 않고 포만감을 느끼지 않아 과식으로 비만을 유발한다.

(3) 갈락토오스(galactose)

포도당과 결합하여 유당의 형태로 유즙 중에 존재한다. 지질과 결합하여 영유아의 뇌, 신경의 구성분인 세레브로시드(cerebroside)를 만든다. 물에 잘 녹지 않으며, 특수효모로만 발효된다. 한편 갈락토오스로 구성된 다당류인 갈락탄(galactan)은 해조류에 많으며, 체내에서 가수분해되지 않으므로 다이어트에 도움이 된다. 단당류 중 장내 흡수속도가 가장 빠르고, 혈액 내에서 인슐린의 도움 없이 세포 내로 운반된다.

세레브로시드(cerebroside)

세레브로시드는 세레미드(ceramide)에 당이 결합된 당지질로 세포막구조, 세포-세포·세포-기질 상호관계, 성장과 분화에서의 역할, 항체·세균·바이러스들에 대한 수용체로서의 역할을 한다. 동물성 식품인 우유, 치즈, 달걀, 버터 등에 세레브로시드 형태로 함유되어 있다.

아기조제분유를 탈 때는 더운물에?

우유에는 유당의 함량이 낮아 영아용 조제분유에 유당을 첨가한다. 유당은 찬물에 잘 녹지 않으므로 조제분유를 더운물에 녹인 후 다시 체온으로 식혀서 아기에게 수유한다.

(4) 만노오스(mannose)

만노오스는 포도당과 결합하여 다당류인 만난(mannan)의 형태로 곤약 등에 함유되어 있다. 동물에서는 단백질과 결합하여 오브알부민(ovalbumin) 등의 당단백질을 이룬다.

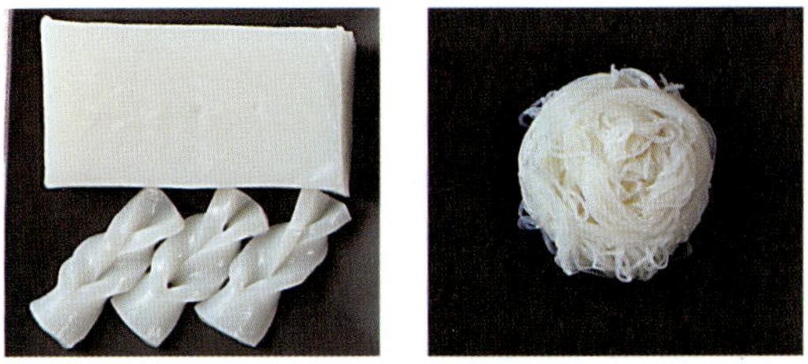

그림 2-2 곤약과 곤약국수

2) 이당류(disaccharide)

(1) 자당(sucrose)

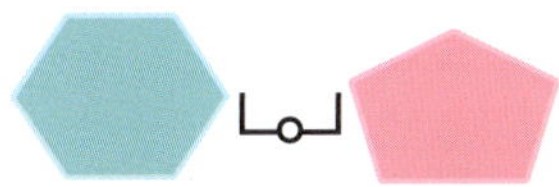

포도당과 과당이 결합된 것으로 서당이라고도 하며, 사탕수수와 사탕무에 많이 들어 있다. 이 즙을 고도로 정제하여 결정체로 만든 것이 설탕(table sugar, granulated sugar)이다. 설탕은 거의 100% 자당으로 이루어져 있으며, 효소로 가수분해시키면 단맛이 더 강한 전화당이 된다. 전화당에는 과당이 포함되므로 꿀, 포도즙, 매실청, 사탕 등은 자당만으로 이루어진 설탕보다 감미도가 더 높다. 지나친 자당섭취는 비만을 비롯하여 충치의 원인이 된다. 특히 공복 시 자당의 섭취는 위벽을 자극하므로 주의해야 한다. 천연에는 벌꿀, 과즙, 채소, 단풍당밀시럽 등에 자당이 함유되어 있다.

설탕의 캐러멜화(caramelization)

당을 가열하면 여러 단계의 화학반응을 거쳐 연한 금갈색에서 점점 진한 갈색으로 변하며 타게 된다. 이 현상을 캐러멜화 반응(caramelization reaction)이라 하는데 식품의 제조공정 중 매우 중요한 역할을 한다. 캐러멜화에 의하여 식빵의 껍질이나 쿠키가 황갈색으로 갈변되면서 구수한 향과 맛을 제공한다. 그러나 지나치게 가열하여 생성된 캐러멜은 알데히드, 케톤, 산 등의 설탕분해물을 생성하여 단맛보다는 쓴맛이나 신맛을 제공한다.

(2) 맥아당(maltose)

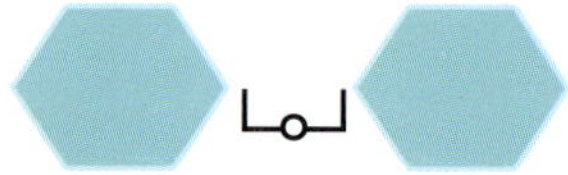

2분자의 포도당이 결합한 것으로 맥아 등의 발아종자에 일부 함유되어 있고, 천연의 식품에 거의 존재하지 않으며, 전분의 가수분해과정 중에 생성된다. 체내에서 쉽게 소화·흡수되고, 위벽을 자극하는 정도가 약해서 유아나 노약자에게 적합하다. 식물의 싹이나 식혜, 맥주 등에 함유되어 있다.

식혜와 식해의 차이점

- 식혜는 밥을 엿기름으로 삭혀서 감미가 나도록 만든 음료로 멥쌀이나 찹쌀을 사용한다. 사기항아리에 엿기름의 웃물만을 가만히 따라서 붓고 온도를 60~70℃로 4~5시간 유지시켜 밥을 삭혀서 만든다.
- 식해는 토막 친 생선에 소금과 밥을 섞어 발효시킨 음식으로 바다에서 먼 산간지대에서 생선을 저장하는 방법으로 시작된 것이다. 생선에 최소한의 소금과 쌀밥을 섞어 숙성시키면 쌀의 전분이 분해되어 유산이 생성된다. 이 유산이 생선의 부패를 억제하고 독특한 풍미를 생성시킨다.

식혜

가자미식해

(3) 유당(lactose)

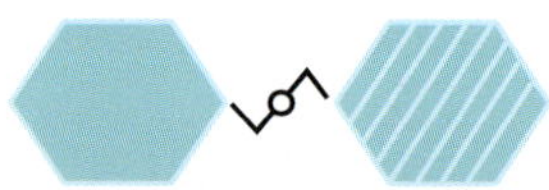

동물성인 유즙에만 함유되어 있으며 포도당과 갈락토오스가 결합되어 있다. 젖당이라고도 하고, 우유에는 4~5% 함유되어 있으며, 모유에는 6~7% 함유되어 모유 특유의 향미를 제공한다. 유당은 젖산균의 번식을 촉진시켜 장내 정장작용을 한다. 영유아의 뇌발달에 필수적인 갈락토오스를 제공하고 칼슘의 흡수를 증진시킨다.

우유를 마시면 배가 아프다?

소화액 중에 유당을 분해하는 효소인 락타아제(lactase)가 부족하여 나타나는 증상인데 일반적으로 아시아와 아프리카의 성인에게 많다. 우유를 마시면 소화되지 못한 유당이 대장으로 운반된다. 대장 내에서 세균에 의하여 분해되어 메탄, 탄산, 수소 등의 가스를 발생시키고 복부 팽창, 장경련과 설사를 유발한다. 이를 유당불내증(lactose intolerance)이라 한다. 이때는 유당이 함유된 식품의 섭취를 금하고 유당을 가수분해시킨 요구르트나 가공한 우유, 치즈 등을 이용할 수 있다.

영유아에게 유당이 중요한 이유?

- 소화·흡수가 잘되는 중요한 열량 공급원이다.
- 뇌, 신경의 구성분인 세레브로시드(cerebroside)를 구성하여 두뇌발달에 도움이 된다.
- 젖산균에 의해 젖산균 번식을 촉진시켜 정장작용을 한다.
- 칼슘의 흡수를 촉진시켜 골격발달에 도움이 된다.

3) 올리고당(oligosaccharide)

단당류가 3~10개 정도 결합한 당으로 20여 종이 있으며, 당질원료에서 얻은 당액을 가공한 것이다. 이들은 소장에서 가수분해되지 않고 대장 내에 존재하는 비피더스균에 의하여 대사된다. 에너지가 1.6kcal/g으로 낮아서 저칼로리 감미료로 설탕 대용품으로 이용된다. 인체에 유익한 장내세균인 비피더스균을 증식시키고, 에너지섭취량을 낮추며, 충치를 예방한다. 또한, 콜레스테롤이나 중성지방을 감소시키고, 인슐린의 분비를 절약하여 당뇨병이나 비만에도 도움이 된다. 물에 잘 녹고 포도당보다 감미가 낮으며, 각종 음료수, 과자류, 캐러멜, 초콜릿, 쿠키, 케이크, 빵, 통조림, 아이스크림, 잼, 젤리, 푸딩, 껌 등의 식품가공에 다양하게 이용된다. 그러나 올리고당을 과잉 섭취할 경우 복통과 설사를 유발할 수 있다. 올리고당의 종류로는 프락토올리고당, 이소말토올리고당, 갈락토올리고당, 대두올리고당, 말토올리고당, 자일로올리고당, 겐티오올리고당 등이 있다. 올리고당이 첨가된 각종 기능성 식품은 그림 2-3과 같다.

(1) 프락토올리고당

자당 1개와 과당이 3개 결합한 것으로 장내세균을 활성화시켜 유제품과 유아식품에 이용될 수 있다.

(2) 이소말토올리고당

벌꿀, 된장, 간장에 함유되어 있고, 열량은 2~2.5kcal/g으로 설탕보다 낮다.

(3) 갈락토올리고당

비피더스균의 증식을 촉진시켜 변비와 설사를 개선하고 단백질의 소화·흡수를 돕는다. 유당을 알칼리 처리하여 만들거나 당질원료를 이용하여 효소를 작용시켜 얻은 전이 갈락토올리고당액이나 사탕무, 대두 등에서 추출한 라피노오스와 스타키오스의 당액을 여과, 정제, 농축한 액상 또는 분말상의 형태이다.

(4) 대두올리고당

콩단백질을 이용한 후 찌꺼기로 만들며, 인체 내 소화효소에 의해 소화되지는 않지만 대장 내 박테리아에 의해 분해되어 이용된다. 장내 유익균의 증식을 촉진하며, 간기능의 보호, 변비 방지, 혈압 강하, 항암효과가 있는 것으로 알려져 있다.

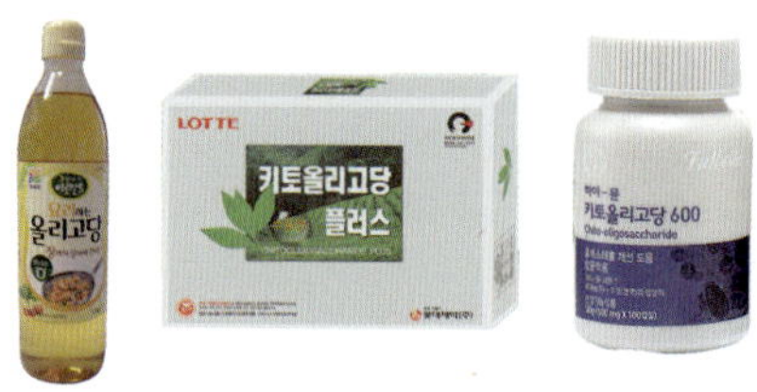

그림 2-3 올리고당이 첨가된 각종 기능성 식품

4) 다당류(polysaccharide)

(1) 전분(starch)

포도당의 저장형태로 주요 에너지공급원이고, 쌀이나 밀·옥수수 등의 곡류, 감자·고구마 같은 뿌리채소, 콩류에 들어 있다. 그림 2-4와 같이 구조가 다른 아밀로오스(amylose)와 아밀로펙틴(amylopectin)으로 구성되어 있다.

전분에 물을 붓고 끓이면 호화가 되며 부분적으로 가수분해되어 호정(dextrin)이 된다. 전분식품을 가열조리해서 먹는 이유는 소화되기 어려운 생전분(β-전분)을 소화효소가 작용하기 쉬운 형태인 호화전분(α-전분)으로 만들어 소화가 잘 되게 하기 위함이다.

① 아밀로오스

포도당이 α-1,4결합으로 연결되어 긴 사슬모양을 이루며, 요오드 반응색은 청색을 나타낸다.

② 아밀로펙틴

포도당이 α-1,4결합으로 이루어진 긴 사슬에 α-1,6결합으로 가지를 친 모양으로 요오드 반응색은 붉은색을 나타낸다. 점성이 강하며, 찹쌀·찰옥수수 전분에 많이 들어 있다.

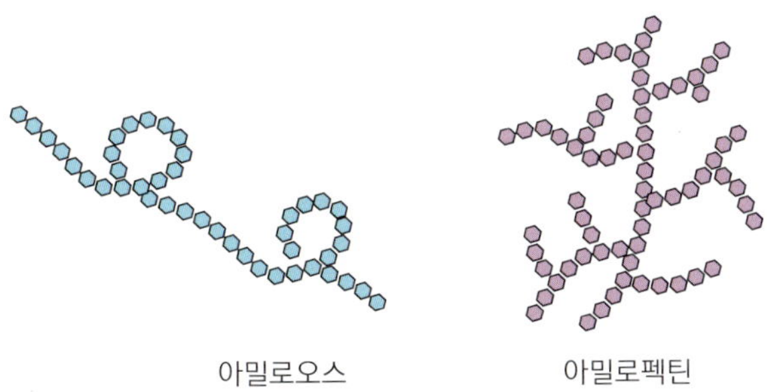

그림 2-4 아밀로오스와 아밀로펙틴의 구조

그림 2-5 아밀로펙틴이 많은 식품들

(2) 글리코겐(glycogen)

동물의 간이나 근육에 저장되는 전분의 형태로 아밀로펙틴과 구조가 비슷하며, 가지가 더 많고 사슬의 길이가 짧다. 섭취한 당질 중 여분의 것은 글리코겐으로 합성되어 간이나 근육에 저장되어 필요에 따라 전환된다. 체내에 에너지가 필요할 때 빠른 속도로 분해되어 포도당을 공급하여 혈당조절에 중요한 역할을 한다.

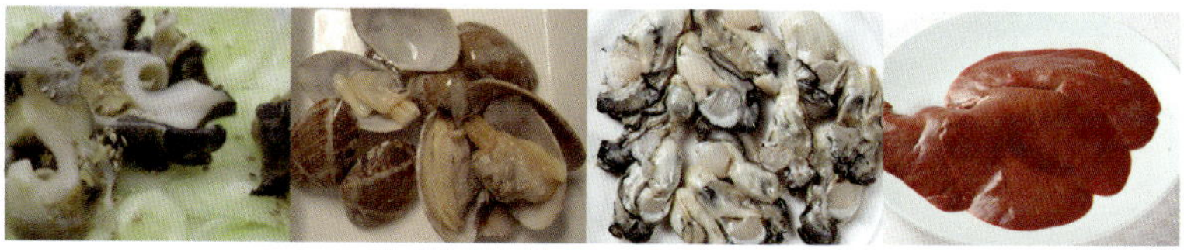

그림 2-6 글리코겐이 다량 함유된 식품

(3) 덱스트린(dextrin)

전분을 산이나 효소로 가수분해하는 과정에 생성되며, 높은 온도에서 압력을 가하면 팽화되어 전분의 사슬이 끊어지거나 곡류의 발아과정에도 덱스트린이 형성된다. 덱스트린은 호정이라고도 하며 수용성이 생기면서 단맛이 난다(그림 2-7).

그림 2-7 호정화로 전분의 구조가 짧아져 단맛이 나는 뻥튀기

5) 식이섬유(dietary fiber)

(1) 종류

① 불용성 식이섬유

주로 식물 세포벽의 기본구조 성분으로 물에 잘 안 녹는 식이섬유이다. 겨나 밀짚 등에 많은 셀룰로오스, 밀기울에 많은 헤미셀룰로오스, 브로콜리 줄기나 당근 심, 딸기 씨, 우엉 등에 많은 리그닌(lignin), 새우와 게 등 갑각류의 껍질에 함유된 키틴(chitin)이나 키토산(chitosan) 등이 있다.

셀룰로오스(cellulose)

불용성으로 β-형 포도당의 중합체로 인체 내에서 소화되지 않기 때문에 에너지가 거의 없다.

헤미셀룰로오스(hemicellulose)

불용성으로 자일로오스(xylose), 만노오스(mannose), 갈락토오스, 람노오스(rhamnose) 등의 6탄당과 아라비노오스(arabinose)와 같은 5탄당의 β-결합물이다.

② 수용성 식이섬유

물에 용해되기 쉬운 식이섬유로 과일과 곡류, 해조류, 두류 등에 함유되어 있으며, 식물세포 간 충진물이나 세포내부 구조물로 존재한다. 해조다당류, 검류, 펙틴, 점질물(mucilage), β-글루칸 등이 있으며, 과일류, 호밀, 보리, 말린 콩, 김, 미역, 다시마 등에 많이 들어 있다.

검(gums)

아카시아 나무와 특수식물에 있는 오탄당(pentose)과 육탄당(hexose)의 결합물로 수용성이며, 식품의 농후제로 사용된다.

펙틴(pectin)

식물의 세포벽에 함유되어 있고 수용성으로 산과 당을 가하여 끓이면 잼이나 젤리가 된다.

그림 2-8 수용성 식이섬유 함유식품

(2) 기능

식이섬유에는 인체의 소화효소에 의해 분해되지 않는 화합물로 셀룰로오스, 헤미셀룰로오스, 펙틴, 리그닌, 검류, 점질물 등과 키틴 등이 있다. 식이섬유의 종류별 생리기능은 표 2-1과 같고 이 중 불용성 식이섬유는 배변량을 증가시켜 변비예방, 대장암의 예방, 음식물의 장 이동을 지연시켜 포만감을 준다. 수용성 식이섬유는 혈청 콜레스테롤 함량을 저하시켜 고지혈증, 동맥경화 등을 예방, 치료하는 효과가 있으며, 전분의 가수분해를 늦추어 혈당의 상승을 지연시켜 당뇨의 관리에 유리하다. 또한 장내 미생물에 의하여 저급지방산 및 가스를 생성하며, 그 일부가 흡수되어 인체의 생리작용을 돕고 인체에 유용한 세균의 증식을 돕는다. 그러나 다량 섭취 시 미량영양소의 흡수를 방해하고 가스가 발생되기도 한다. 한국인의 1일 식이섬유 섭취기준은 충분섭취량으로 19~29세 성인 남자와 여자가 각각 25g 및 20g이다.

식이섬유의 섭취 부족은 심장병, 고혈압, 콜레스테롤계 담석증, 당뇨병, 비만, 충치, 고콜레스테롤혈증, 충수염, 게실증, 대장암, 변비, 치질 등을 일으킬 수 있다.

표 2-1 식이섬유의 종류별 생리기능

분류	종류	기능	급원식품
수용성 식이섬유	펙틴, 검류, 해조다당류	혈청 콜레스테롤 농도 저하 포도당 흡수 지연 당뇨병, 심장병, 대장암 발생 억제	사과, 오렌지, 포도, 당근, 옥수수, 브로콜리, 보리, 귀리, 감자, 건조콩
불용성 식이섬유	셀룰로오스, 헤미셀룰로오스	포만감 증가 배변량과 배변속도의 향상 중금속 흡착배설 심장병 발생 억제 변비, 게실증 예방 및 치료	현미, 과일과 채소의 껍질, 콩, 견과류, 밀, 보리, 양배추, 무청, 아욱, 무

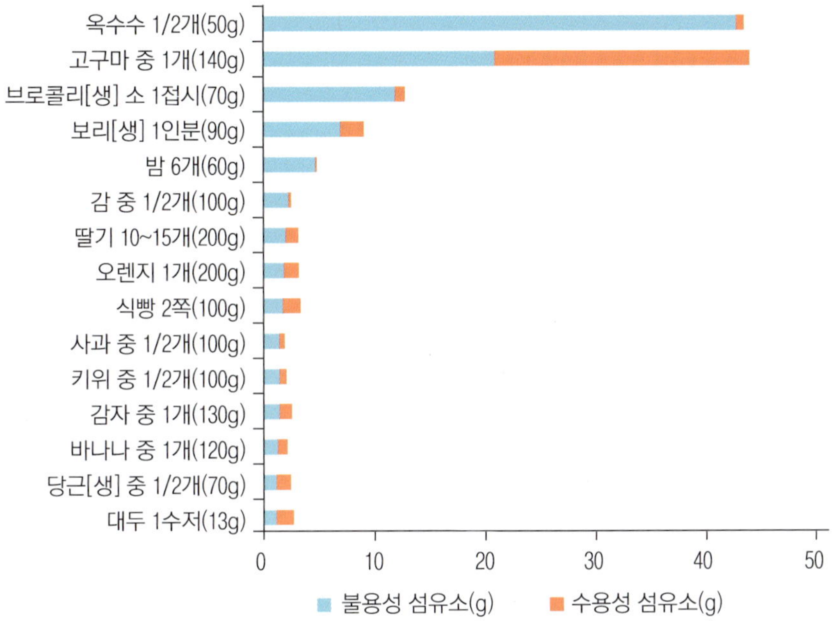

그림 2-9 식품 중의 불용성과 수용성 식이섬유 함량

2. 소화, 흡수, 대사

1) 소화

당질의 소화는 주로 소장에서 일어난다(표 2-2). 소장에서 소화 가능한 당질은 모두 단당류로 분해된 후 흡수된다. 대장 내의 박테리아는 기능성 올리고당이나 수용성 식이섬유를 일부 이용하여 짧은 사슬지방산들과 가스를 생성하고 이때 생성된 짧은 사슬지방산들도 에너지원으로 이용된다.

표 2-2 당질의 소화과정

기관	소화효소 분비기관	소화대상 물질	소화효소	소화산물
입	침샘	전분 덱스트린	타액 아밀라아제	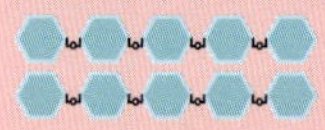 덱스트린, 말토오스
위			위산	위산이 타액 아밀라아제 불활성화
소장	췌장	전분 덱스트린	췌장 아밀라아제	 이당류
소장	소장	말토오스 수크로오스 락토오스	말타아제 수크라아제 락타아제	 포도당 +포도당 포도당+과당 포도당+갈락토오스
대장	장내세균	올리고당, 식이섬유		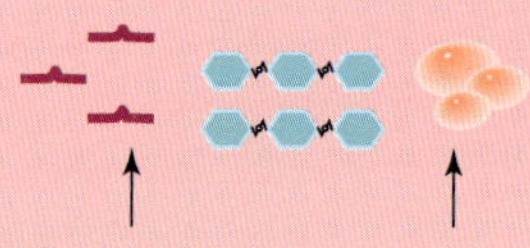 짧은 사슬지방산 가스

2) 흡수

흡수란 단당류가 소장점막세포를 통과하여 체내로 들어가는 과정을 말한다. 소장에서 흡수된 단당류는 모세혈관으로 들어가 문맥(portal vein)을 통해 간으로 운반된다. 흡수되는 주요 부위는 소장의 중간 부위인 공장(jejunum)으로 확산이나 능동수송에 의해 소장벽을 지나 흡수된다.

단당류의 흡수기전은 그림 2-10과 같이 능동수송, 촉진확산, 단순확산이 있다. 포도당과 갈락토오스는 능동수송에 의해 빠르게 흡수된다. 과당은 촉진확산에 의해 흡수된다. 만노오스, 자일로오스, 당알코올 등 기타 단당류는 단순확산에 의해 흡수된다.

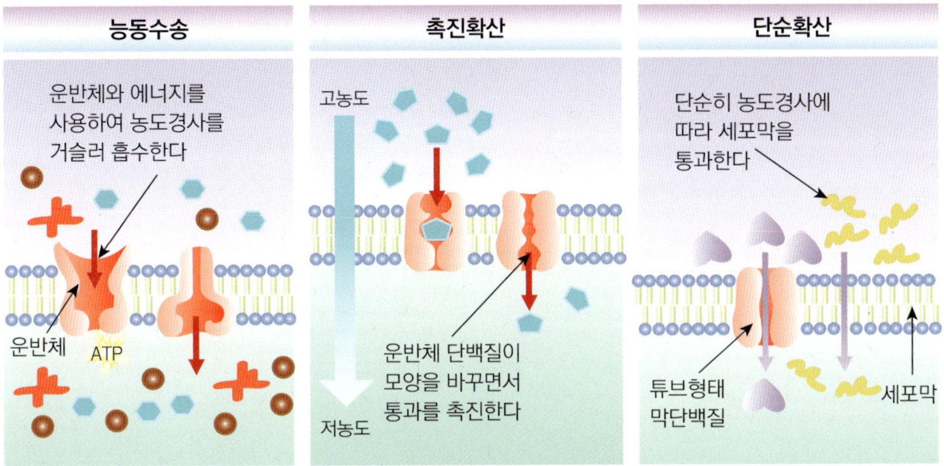

그림 2-10 단당류의 흡수기전

3) 대사

대사(metabolism)란 체내로 흡수된 영양소가 분해과정(이화작용 ; catabolism)을 통해 더 작은 물질로 쪼개지거나 합성과정(동화작용 ; anabolism)을 통해 새로운 세포 또는 조직을 합성하는 일련의 화학작용을 말한다(그림 2-11). 당질, 지질, 단백질 같은 거대분자가 이화작용을 통해 체내에서 분해되어 이산화탄소와 물, 요소와 같은 대사산물과 에너지를 생성한다. 또한 단순당이나 지방산, 아미노산들이 에너지를 소모하는 동화작용을 통해 저장 다당류나 체단백질, 체지방 또는 호르몬, 면역물질 같은 기타 체 구성분을 생성한다.

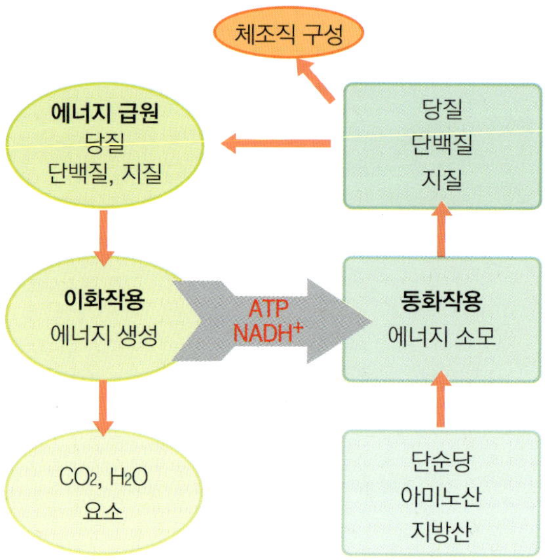

그림 2-11 에너지 영양소의 대사

당질의 경우 흡수된 단당류의 대부분이 간에서 포도당으로 전환된 후 이용된다. 간에서 혈류로 나온 포도당은 혈액을 따라 체내 각 세포로 운반되며, 세포 내에서 해당과정과 TCA회로 같은 이화과정을 통해 분해되어 에너지원(ATP ; adenosine triphosphate)으로 이용된다. 일부는 동화과정을 통해 글리코겐이나 체지방, 당단백질이나 당지질을 합성하는 원료로 사용된다. 성인의 경우 글리코겐은 간에 약 100g, 근육에 약 250g 정도 저장된다. 혈당이 떨어지거나 에너지가 많이 필요할 때 간에 저장된 글리코겐이 포도당으로 전환되어 혈액 중으로 이동되고, 근육에 있는 글리코겐은 운동 시 에너지원으로 이용된다.

3. 기능

1) 에너지원

당질은 주요 에너지 공급원으로 1g당 4kcal를 공급하며, 모든 세포의 일차연료인 포도당을 제공한다. 소화흡수율은 98% 정도로 높으며, 섭취한 당질의 대부분은 체내에서 이용되므로 경제적이다. 뇌세포나 적혈구, 신경세포는 포도당만을 주 에너지원으로 사용하므로 적절한 당질의 섭취는 필수적이다. 따라서 혈당이 정상 이하로 감소되면 뇌에 공급하는 포도당이 감소되어 경련과 같은 저혈당 증상을 보인다.

2) 혈당 유지

인체는 세포에 필요한 포도당을 안정적으로 공급하기 위해 건강한 성인의 경우 공복 시 혈액 100mL당 70~110㎎(약 0.1%)의 포도당 농도가 되도록 일정하게 조절하여 혈당의 항상성을 유지한다.

뇌나 적혈구, 신경세포는 혈당이 주요 에너지 급원이다. 혈당량이 50㎎/100mL 이하로 떨어지면 저혈당증이 나타나 두뇌의 활동이 급격히 저하되고, 신경이 예민해지고 불안정해지며 공복감과 두통을 느끼고 심하면 혼수상태에 이르게 된다. 반대로 혈당이 170~180㎎/100mL 이상으로 올라 고혈당증이 되면 소변으로 배설되기 시작하고 공복과 갈증을 느낀다.

혈당치는 췌장에서 분비되는 인슐린(insulin)과 글루카곤(glucagon) 호르몬에 의해 조절된다(그림 2-12). 식후 혈당치가 오르면 췌장에서 인슐린이 분비된다. 인슐린은 세포 내에서의 포도당 이용과 간과 근육에서의 글리코겐 합성을 촉진하여 혈당치를 낮춘다. 반대로 혈당치가 낮아지면 췌장에서 글루카곤이 분비된다. 글루카곤은 간에 저장되어 있던 글리코겐을 분해시켜서 포도당을 만들어 혈액으로 내보내고 단백질 등으로부터의 포도당 신생합성을 촉진하여 혈당치를 정상범위까지 올린다.

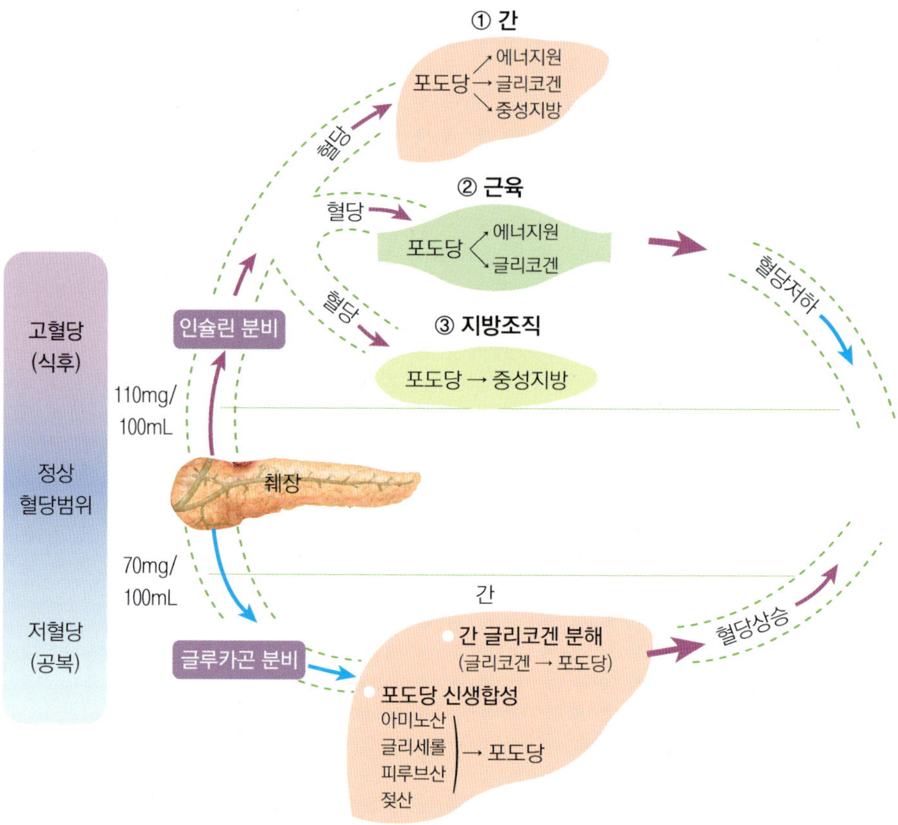

그림 2-12 혈당의 조절

3) 단백질 절약작용

적절한 당질 공급은 체단백질의 분해를 방지하고, 단백질이 에너지원으로 사용되는 것을 억제하므로 단백질 절약작용을 한다. 당질 섭취가 부족할 경우 혈당을 보충하기 위하여 근육, 간, 신장, 심장 등 여러 기관에서 단백질이 분해되어 포도당 신생합성을 한다. 이는 뇌세포와 적혈구, 신경세포는 혈당을 주요 에너지원으로 사용하기 때문이다.

4) 케톤증(ketosis)의 방지

당질의 섭취가 부족한 경우 체내 지방이 포도당으로 전환되지만 이는 바람직하지 못하다. 따라서 당질은 지방질의 연소를 돕는 필수 영양소로 지방의 불완전 연소에 의한 산독증(ketosis)을 예방한다. 산독증은 당질의 섭취량이 극히 부족하거나 기아, 당뇨병 또는 만성 알코올중독 환자에게 잘 일어난다. 하루 50~100g 정도의 당질을 섭취하면 산독증을 방지할 수 있다.

산독증(ketosis)

체내 당질이 부족하면 지방이 분해된다. 이때 생성되는 아세틸 Co A가 TCA회로로 들어가지 못하고 서로 축합하여 아세토아세트산(acetoacetic acid), β-하이드록시부틸산(β-hydroxy butylic acid), 아세톤(acetone) 등의 케톤체(ketone bodies)를 생성한다. 케톤체는 기아상태와 같은 비상 시 탄수화물 공급이 중단되었을 경우 뇌와 심장 등의 세포에서 에너지원으로 사용된다. 그러나 케톤체는 산성을 띠므로 혈액 중에 많이 쌓이면 혈액의 산·염기 평형이 깨져서 산소의 공급이 원활하지 못하여 산독증을 일으킨다. 산독증은 탈수와 치명적인 혼수상태를 일으킬 수 있다.

5) 체 구성분

당질은 체 구성분으로 결체조직, 호르몬, 효소에 존재한다. 오탄당인 리보오스(ribose)는 DNA와 RNA의 구성분으로 존재한다. 포도당은 혈액 내에 약 0.1%의 수준으로 함유되어 있다. 점액의 주요 성분인 뮤신(mucin)은 당단백질이며, 기타 당단백질이나 당지질을 형성하여 세포막의 구성분으로서 세포 표면에서 중요한 역할을 한다.

6) 단맛 제공

단맛을 내는 당질은 식품의 맛을 증진시키고 영양섭취를 증가시켜 피로회복을 촉진시킨다. 당류의 종류에 따라 단맛의 강도와 체내 이용도가 다르며, 대사되어 에너지를 제공하는 영양 감미료와 에너지는 발생하지 않고 단맛만 내는 인공감미료가 있다. 각종 단맛의 비교는 그림 2-13과 같다. 왼쪽 그림은 설탕의 단맛을 100으로 하였을 때 비교치이며, 오른쪽은 설탕의 단맛 배수를 나타낸 것이다.

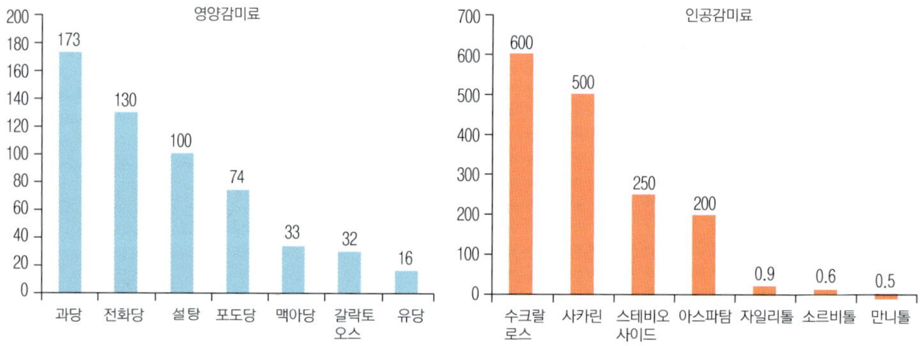

그림 2-13 설탕의 단맛을 기준으로 할 때 각종 당류의 단맛 비교

영양감미료와 인공감미료

영양감미료는 단당류, 이당류와 같은 단순당과 단당류의 유도체인 당알코올, 올리고당류 등이 있으며, 설탕, 꿀, 과당, 소르비톨, 자일리톨, 프락토올리고당 등이 많이 이용된다.

인공감미료는 영양감미료보다 단맛이 훨씬 강하므로 미량으로 단맛을 낼 수 있다. 저칼로리 감미료로 식사요법이나 기능성 음료 등에 널리 사용되며, 사카린(saccharine), 아스파탐(aspartame) 등이 있다.

기능성 감미료의 종류

- 당알코올류
  소르비톨(sorbitol), 말티톨(maltitol), 자일리톨(xylitol) 등이 있으며 당류의 카르보닐기를 환원시켜 얻은 당알코올류이다.
- 파라티노오스(paratinose)
  포도당과 과당이 결합한 것으로 충치를 예방한다.
- 스테비오사이드(stevioside)
  식물인 스테비아에서 추출하며 자당의 100~150배 감미를 지닌다.
- 아스파탐(aspartame)
  아미노산인 페닐알라닌과 아스파르트산의 결합물로 자당의 100~200배 감미를 지닌다.

그림 2-14 기능성 감미료의 사용

4. 영양문제

1) 당뇨

당뇨병은 인슐린 분비의 부족과 인슐린 수용체의 감도 저하로 혈당이 세포 내로 들어가지 못하여 혈청의 혈당농도가 만성적으로 높아지는 것이다. 즉, 포도당이 세포 내로 들어가지 못하고 혈액 내에 머무르게 되며, 소변으로 배설되는 만성질환의 일종으로 당질 대사장애이다. 당의 과잉섭취로 인한 체중과다나 비만은 당뇨병의 원인이 된다.

인슐린 의존형(제1형) 당뇨병은 췌장의 β-세포가 파괴되어 인슐린 분비량이 절대적으로 부족한 경우이다.

인슐린 비의존형(제2형) 당뇨병은 유전적 요인을 가지고 있는 사람이 비만, 과식, 스트레스, 운동부족 등 환경요인의 영향으로 인해 인슐린 수용체의 감도가 낮아진 경우이다. 또한 임신성 당뇨병은 임신 시에 주로 발생한다.

다뇨, 다갈, 다식의 '三多' 증상이 특징적으로 나타나며, 많이 먹어도 충분한 양의 포도당이 세포 속으로 들어가지 못하기 때문에 심한 공복감을 느끼면서 체중이 감소한다. 과잉의 포도당이 체단백질이나 조직 특히 눈과 신장, 신경조직, 혈관에 작용해서 생기는 말단혈관질환(발과 다리), 시력약화나 실명, 신장질환, 신경손상 등의 합병증이 일어나기 쉽다.

당뇨병 환자의 경우 에너지섭취를 줄이고, 단순당보다는 복합당질이나 식이섬유를 많이 섭취하여 혈당의 급격한 상승을 억제하여야 한다.

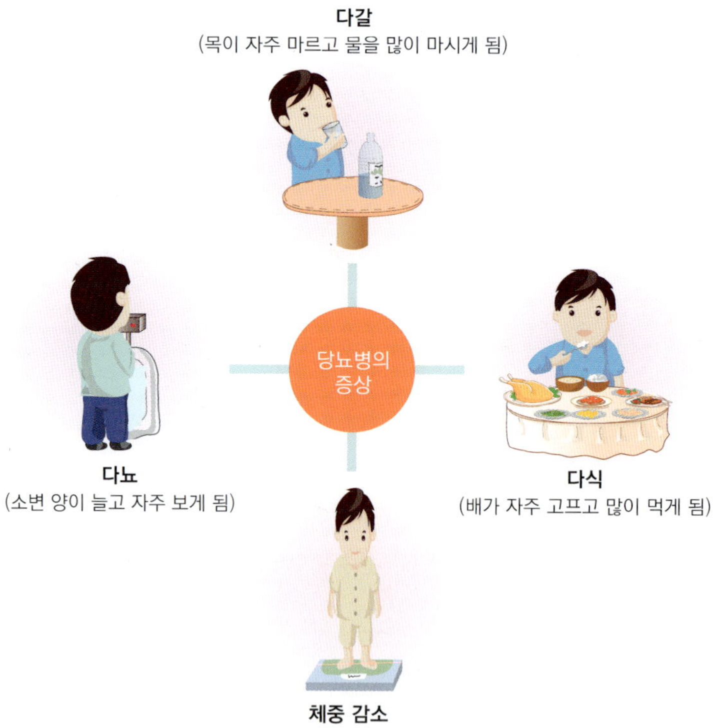

그림 2-15 당뇨병의 증상

당뇨병의 혈당수치

혈당과 포도당 내성검사를 실시하며 혈액 중에 200㎎/100mL 이상의 당이 확인되면 당뇨병으로 진단한다.

표 2-3 전혈의 포도당 농도(㎎/100mL)

	정 상	위험군	당 뇨
공복 시	정상 109 이하	110~125	126 이상
식후 1시간	정상 180 이하	180~200	200 이상
식후 2시간	140 이하	140~199	200 이상

자료 : 대한당뇨병학회

혈당지수(glycemic index ; GI)

식품의 당질이 체내에서 소화·흡수·대사작용을 거치면서 혈당치 상승률을 비교한 값을 나타내는 것이다. 흰빵이나 포도당의 형태로 당질을 섭취하였을 때 혈액에 나타나는 총 포도당의 양을 100으로 보고 특정 식품을 섭취하였을 때의 혈당을 상대비율로 환산한 값이다. GI치가 낮을수록 혈당치 상승이 낮고 인슐린 분비를 낮춘다.

고GI식이

혈당치가 상승하여 인슐린 분비를 촉진시키고, 이로 인해 혈당치 감소 및 체지방 축적이 일어난다.

저GI식이

인슐린 분비 및 인슐린 내성을 감소시키는 기능을 가지고, 당뇨병(제1형, 제2형)을 가진 사람들에게서 포도당 및 지질의 수치를 개선한다. 이는 혈당치를 천천히 상승시켜 인슐린을 천천히 분비시키므로 식욕을 억제하고, 포만감을 연장시키는데 도움을 줌으로써 체중조절에도 도움을 줄 수 있다.

GI수치를 결정하는 요소

먹는 식품의 형태, 식품입자의 크기, 가공과정 그리고 전분의 특징, 특히 탄수화물 입자의 크기와 형태가 중요하고 가공과정을 적게 거칠수록 GI수치가 낮다. 즉, 단순당이나 전분은 풍부하지만 지방이나 섬유소 함량이 낮은 식품들은 빠르게 소화·흡수되는 경향이 있어 혈당을 빨리 상승시킨다. 식이섬유소 함량과 소화흡수속도, 총 지방량 등의 영향을 받는다. 혈당지수가 낮은 식품을 식단에 사용하는 것이 당뇨환자의 혈당조절과 관상심장병 및 비만 등의 치료와 예방에 도움이 된다고 한다.

식품별 GI지수는 그림 2-16과 같으며, 고GI 식품은 GI지수가 70 이상, 중GI 식품은 56~69, 저GI 식품은 55 이하이다.

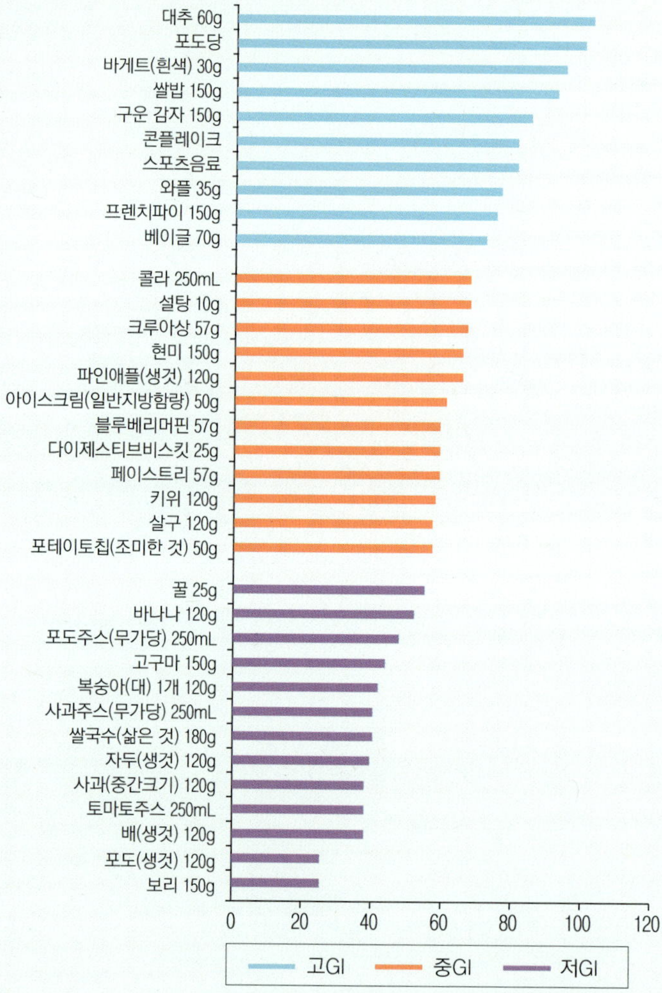

자료 : Foster-Powell K., Holt S.H.A., Brand-Miller J.C.(2002), International table of glycemic index and glycemic load vallues, Am J Clin Nutr. 76 : 5-56 / M. McGuire, K.A. Beerman(2002), Nutritional sciences from fundamentals to food, : 142. Thomson Wadsworth / http://www.gitest.co.kr/

그림 2-16 식품의 혈당지수

2) 충치

정제가 잘된 당질식품은 구강 내 미생물인 스트렙토코커스 무탄스(*Streptococcus mutans*)균의 증식을 촉진하고, 치아에 달라붙어 미생물에 의해 산을 형성하여 치아를 부식시켜 충치를 유발한다. 입안에 서식하는 세균은 설탕을 덱스트린으로 만들어 플라그(plague)를 형성하고, 산을 생성하여 치아표면의 pH를 4까지 떨어뜨린다. 충치는 치아표면의 pH가 5.5 이하일 때 시작되며 산은 치아의 에나멜층을 녹이고 하부구조를 파괴한다.

충치발생 위험을 증가시키는 다른 요인은 설탕 이외에도 입안에서 쉽게 발효되는 전분이나 단순당류, 콘시럽 등이 있다. 당분이 많으면서 끈적끈적한 엿이나 캐러멜과 같은 식품은 치아에 남아 오랫동안 박테리아에게 먹이를 제공한다. 케이크의 전분은 입안의 침에 의해 맥아당으로 대사되는 과정에 박테리아가 이를 이용하여 충치를 일으킨다. 과일주스나 당 함량이 많은 액상 요구르트는 당과 산을 같이 함유하고 있어 충치를 유발할 수 있다. 건조과일, 빵, 시리얼, 크래커, 감자칩과 같은 음식을 자주 먹으면 충치가 생긴다.

따라서 충치를 예방하기 위하여 설탕 대신 당알코올을 사용하고, 당류나 전분이 함유된 식품을 섭취한 후에는 양치질을 해야 한다.

그림 2-17 충치 유발식품

5. 영양소 섭취기준과 함유식품

1) 영양소 섭취기준

탄수화물의 평균필요량은 하루에 두뇌에서 사용되는 포도당인 117~140g 수준이며 이는 케토시스를 예방할 수 있는 50~100g/일과 유사한 수준이다. 두뇌가 케톤체에 의해 포도당 사용을 대체하지 않은 상태에서 포도당에서 충분한 에너지를 공급할 수 있는 탄수화물의 섭취량을 100g/일로 보고 탄수화물의 권장섭취량은 변이계수 15%로 하여 평균필요량에 2배의 변이계수를 더한 130g/일로 설정하고 있다 (표 2-4).

표 2-4 19~29세 성인의 탄수화물 섭취기준

	탄수화물(g/일)	
	평균필요량	권장섭취량
남자	100	130
여자	100	130

한국인 19세 이상 성인의 에너지 적정비율은 탄수화물 : 단백질 : 지방 = 55 ~ 65% : 7~20% : 15~30%이며, 성인남녀의 에너지필요추정량은 각각 2,600kcal/일과 2,000kcal/일이다. 에너지 2,000kcal를 기준으로 보면 탄수화물의 필요량은 275~325g 수준이다.

탄수화물을 과잉 섭취하면 비만, 당뇨, 심혈관계질환의 원인이 될 수 있다. 최근 국민건강영양조사 결과 우리나라 40대 이상 성인의 탄수화물 섭취비율 65% 이상 섭취군은 55~65% 섭취군에 비하여 심혈관계질환의 가능성이 1.18배 높았다. 10대 청소년의 경우, 고탄수화물 섭취군은 저탄수화물 섭취군에 비하여 수축기 혈압이 유의하게 높아 대사증후군 지표에 영향을 미치고 있었다. 총당질은 총에너지섭취량의 10~20%로 제한하고, 식품의 제조과정이나 조리 중에 첨가되는 꿀, 시럽, 설탕, 물엿 등의 첨가당은 총에너지섭취량의 10% 이내로 섭취하도록 하여야 한다.

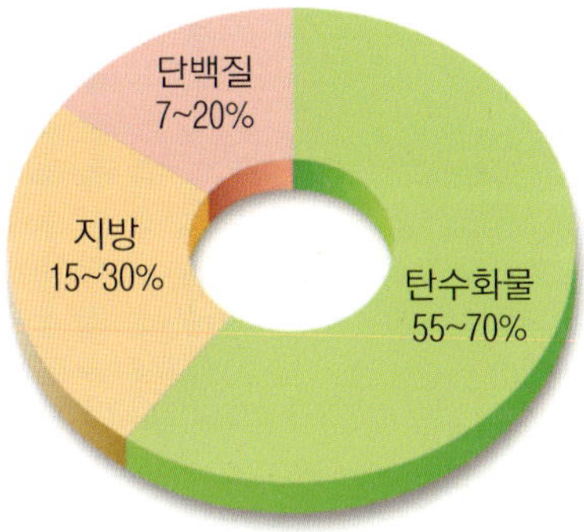

자료 : 보건복지부(2020)

그림 2-18 19세 이상 성인의 탄수화물, 단백질, 지방의 에너지 적정비율

표 2-5 당질 급원식품의 1인 1회 분량별 당질과 식이섬유 함량

식품명(1회 분량)	에너지(kcal)	당질(g)	식이섬유(g)
쌀밥(210g)	285.6	68.9	0.84
식빵(100g)	283.0	50.7	0.40
국수(마른 것, 100g)	375.0	78.0	0.40
라면(120g)	457.2	73.7	0.60
고구마(생것, 90g)	115.2	27.3	0.81
감자(생것, 130g)	85.8	18.7	0.26
사과(부사, 100g)	57.0	15.3	0.50
포도(캠벨얼리, 100g)	59.0	15.1	0.20
당근(생것, 70g)	23.8	5.5	0.56
우엉(생것, 25g)	16.0	3.6	0.30
양배추(생것, 70g)	13.3	3.4	0.42
아이스크림(12% 유지방, 100g)	211.0	22.4	0
요구르트(액상, 150g)	97.5	22.4	0
식혜(200g)	80.0	22.2	0
콜라(200g)	80.0	20.0	0

자료 : 한국영양학회(2010). 한국인 영양소 섭취기준. 사단법인 한국영양학회

2) 함유식품

당질은 곡류, 과일, 과자, 빵류, 떡류, 국수류, 설탕, 꿀, 시럽, 잼, 젤리, 캔디 등에 많이 함유되어 있으며, 동물의 젖에 들어 있는 유당은 동물성으로 중요한 급원이다. 곡류와 서류, 두류, 뿌리채소류는 주로 전분과 식이섬유를 제공하고, 과일은 단당류인 포도당과 과당 및 식이섬유를 제공한다. 녹황색채소에는 식이섬유가 다량 들어 있다. 요구르트, 가당 우유, 음료, 잼, 젤리, 사탕류에는 단순당이 많이 첨가되어 있다.

곡류와 콩류의 영양소

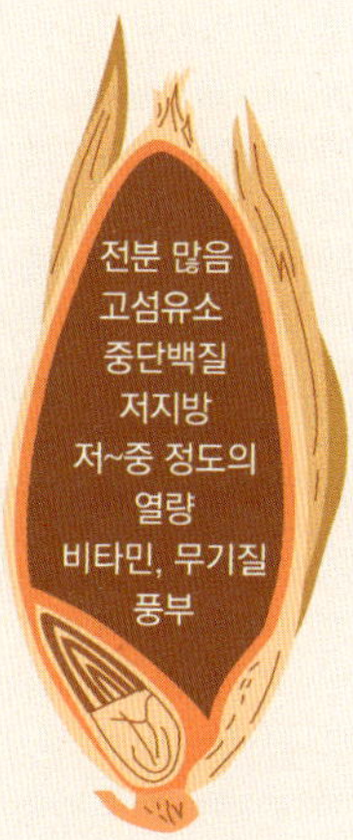

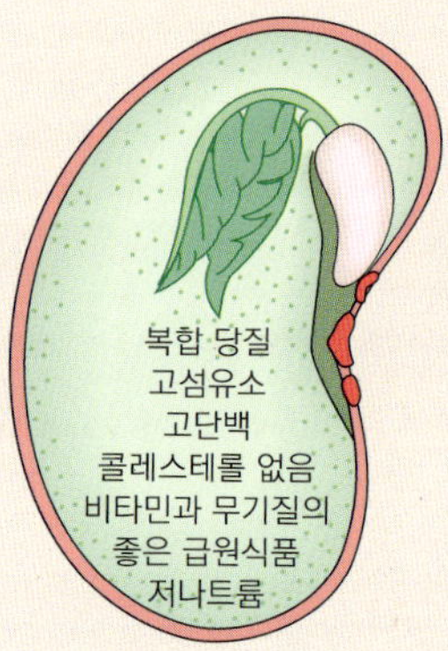

현미와 백미의 영양

최근에 건강식품, 기능성 식품에 대한 관심이 높아지고 있어 쌀의 경우 현미를 비롯한 유색미, 향미 같은 특수미의 이용이 늘어나고 있다. 쌀의 구성분은 쌀의 품종, 도정률, 저장기간, 재배지역에 따른 차이가 있으나, 일반적으로 전분이 70% 이상을 차지하고 단백질 7~8%, 지질 1~3%, 소량의 비타민과 무기질을 함유하고 있다. 단백질, 지질, 칼슘, 철분 및 비타민 B_1 등의 성분은 섬유질과 회분과 같이 도정 수율과 비례관계를 보인다. 즉, 밥맛을 좋게 하기 위해 도정수율을 높이게 되면 비례하여 상당량의 영양성분이 손실됨을 보여준다. 현미는 쌀의 표면이 거칠고 쌀눈이 부착되어 있으며, 백미는 표면이 매우 매끄럽지만 쌀눈이 이탈되어 있는 모습을 나타낸다.

현미　　　　백미

자료 : 한국식품영양학회지 33(1) : 152–157

그림 2–19 현미와 백미의 비교

백미와 현미의 영양성분 함량은 다음의 표 2-6과 같다. 현미는 백미에 비해 식이섬유를 2배 정도 공급하고, 양질의 식물성 단백질을 비롯한 지질, 칼슘, 인, 철분, 나트륨, 칼륨, 아연 등의 무기질, 비타민 B_1, 비타민 B_2, 비타민 B_6, 니아신, 비타민 E 등의 비타민류가 많이 함유되어 있어 건강에 관심이 많은 현대인들에게 기호성이 높다.

표 2-6 백미와 현미의 영양성분 함량

	당질	단백질	지질	회분	칼슘	인	철	나트륨	칼륨	아연	비타민 B_1	비타민 B_2	비타민 B_6	니아신	비타민 E	엽산
	g				mg											μg
백미	81.9	6.4	0.5	0.4	4.0	140.0	0.4	66.0	163.0	1.50	0.11	0.04	0.12	1.5	0.2	24.5
현미	77.1	7.6	2.1	1.6	6.0	279.0	0.7	79.0	326.0	1.80	0.23	0.08	0.45	3.6	3.6	24.4

자료 : 식품영양소 함량 자료집(2009)

표 2-7 백미와 현미의 식이섬유 함량(%)

	불용성 식이섬유	수용성 식이섬유	총식이섬유
백미	3.78	0.12	3.89
현미	7.68	0.09	7.77

자료 : 한국식품조리과학회지 11(1) : 20–25

설탕의 진실

설탕은 식물계에 널리 분포되어 있으며, 자연식품의 감미를 나타내는 주요 성분일 뿐 아니라 벌꿀, 물엿 등과 함께 감미료로 사용되어 왔다. 동양에서는 기원전 3세기경 한(漢)나라 때 설탕 시럽이 사용되었다는 기록이 있으며, 설탕의 제조법, 즉 제당법(製糖法)은 당(唐)의 태종시대에 인도에서 배웠던 것으로 알려져 있다. 또한 인도의 제당법은 페르시아, 이집트 등을 통해 유럽 각국으로 전파된 것으로 알려져 있다. 원래 설탕은 의약품, 양념, 장식재료, 방부제 기능으로 사용되었으며, 미생물의 증식억제 및 제품의 저장수명 연장을 위해 사용하였다. 그러나 소비자들의 건강에 대한 관심이 커지면서 충치, 비만 등과 관계가 있는 제품이나 단맛이 강한 제품에 대한 선호도가 낮아 소비가 줄어드는 경향을 나타내고 있다. 우리가 사용하는 설탕의 종류와 용도는 표 2-8과 같다.

표 2-8 설탕의 종류와 용도

종류	성질	용도	순도(%)
설탕	원당을 정제하여 결정체로 만듦	제과용, 커피, 청량음료	99.9
슈퍼파인 그래늄당	설탕보다 곱고 물에 빨리 용해된다.	케이크, 분말음료	99.9
황설탕	정제 정도에 따라 라이트, 미디움, 다크 슈가로 나눔	케이크, 쿠키, 캔디	92
흑설탕	당밀을 함유하고 특유의 향과 맛이 있다.	제과용, 캔디	86
분당	3% 이하의 전분을 혼합하여 곱게 간 설탕	도넛, 제빵의 데커레이션	97
각설탕	설탕에 약간의 시럽을 가하여 각으로 성형하고 건조시킨 것	커피, 홍차	99.8
크리스탈 캔디	고순도의 정제당을 농후 용해액에 종당을 넣고 오래 방치하여 큰 결정으로 한 것	과자, 음료수에 사용	

설탕은 에너지만을 낼 뿐 그 외의 영양소는 안 들어 있으므로 빈영양(empty calories)으로 불리기도 한다. 설탕이나 단 음식을 많이 섭취하면 상대적으로 영양소가 풍부한 다른 식품의 섭취가 적어져 영양불균형 상태를 초래할 수도 있고 설탕으로부터 손쉽게 얻는 에너지가 체지방으로 쉽게 축적되어 비만이나 당뇨병, 치아질환, 과잉행동장애 등의 문제를 야기할 수도 있다. 이로 인해 WHO에서는 전체 섭취 에너지의 10% 이하로 권장하고 있다. 어린이의 경우 설탕을 하루 100g 이상 섭취할 경우 당질, 지질의 섭취량이 유의적으로 많았다. 10개 주요 식품의 설탕 섭취량과 에너지는 그림 2-20과 같다.

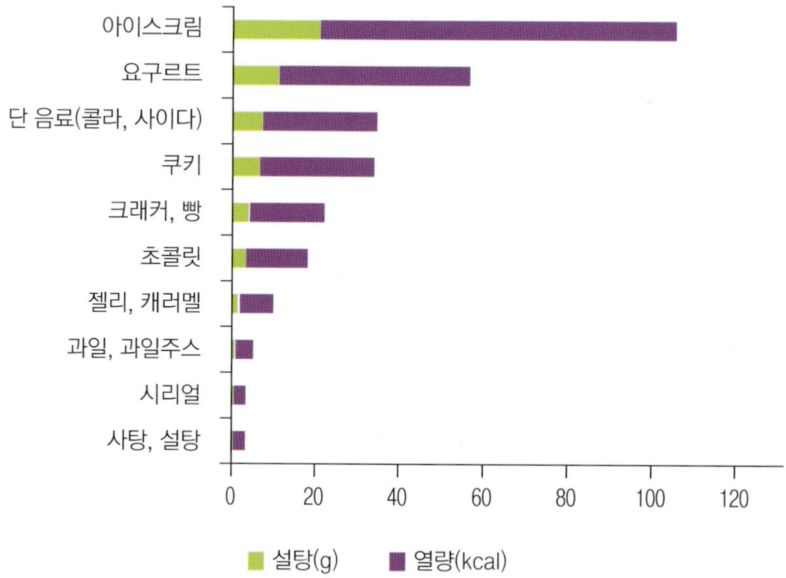

자료 : 한국식생활문화학회지 10(2) : 107–117

그림 2-20 하루에 섭취하는 설탕의 양과 열량

참고문헌

김동훈(1994). 식품화학. 서울 : 탐구당.

김상순(1998). 식품학. 서울 : 수학사.

김완수, 신말식, 정해정, 이경애, 김미정(2006). 조리과학 및 실험. 라이프사이언스.

김용석, 이나영, 황철승, 유미지, 백경화, 신동화(2004). 연삭식 도정기에 의한 도정 정도별 쌀의 이화학적 특성 변화. 한국식품영양학회지 33(1) : 152-157.

보건복지부(2006). 2005년도 국민건강영양조사 결과보고서-영양조사부문.

보건복지부(2020). 2020 한국인 영양소 섭취기준.

서우경, 김영아(1995). 가열처리에 의한 백미, 현미, 노란콩 및 검정콩의 식이섬유 함량 변화. 한국식품조리과학회지 11(1) : 20-25.

이은열, 김희숙(2002). 대두발효식품 cerebroside의 구성분 분석 및 비교. 한국식품영양과학회지 31(2) : 177-183.

이주현(2000). 치아건강과 식생활. 국민영양 7-8월호 : 16-19.

장은경(2001). 단맛을 즐기면서 기능성을 추구하는 저칼로리 감미제. 국민영양 7-8월호 : 34-41.

정혜경, 박성숙, 장문정(1995). 급식과 비급식초등학교 아동의 식행동 및 설탕섭취실태 비교. 한국식생활문화학회지 10(2) : 107-117.

제니 브랜드 밀러, 케이 포스터 파웰, 스티븐 콜라지우리(저). 김경아(역)(2005). 당지수로 당뇨병, 비만, 심장질환을 잡는다. 물병자리.

조원장(2000). 자일리톨과 충치예방. 국민영양 12월호 : 18-21.

최정숙, 안훈희, 남희정(2002). 쌀 품종별 백미와 현미의 영양성분 조성 비교. 한국식품영양과학회지 31(5) : 885-892.

한국영양학회(2009). 식품 영양소 함량 자료집. 도서출판 한아름기획.

한국영양학회 편집부(2010). 한국인 영양섭취기준. 한국영양학회.

한국영양학회(2016). 2015 한국인 영양섭취기준. 한국영양학회.

American dietetic association(2004). Position of the American dietetic association: Use of nutritive and nonnutritive sweeteners. J Am Diet Assoc 104 : 255-275.

Anonymous, diet, nutrition and the prevention of chronic disease. A report of the WHO study group on diet, nutrition and prevention of noncommunicable disease. Nutr Rev 49 : 291-301.

Brown J.F.(2002). Nutrition now. 3rd ed. Wadsworth.

Campbell J.M., Fahey G.C., and Wolf B.W.(1996). Selected indigestible oligosaccharides affect large bowel mass, cecal and fecal short chain fatty acids, pH and microflora in rats. J Nutr 127(1) : 130-136.

Chung H.B., and Mintz S.(1995). Sweetness and power : The place of sugar in modern history. J History 147 : 389-399.

Drummond K.E., and Brefere L.M.(2009). Nutrition for foodservice and culinary professionals. 7th ed. Wiley, pp. 82-123.

Ha T.Y., Park S.H., Lee C.H., and Lee S.H.(1999). Chemical composition of pigmented rice varieties. Korean J Food Sci Technol 31(2) : 336-341.

http://www.gitest.co.kr/

Insel P., Turner R.E., and Ross D.(2006). Discovering nutrition. 2nd ed. Jones and Bartlett publishers, p. 144.

Jenkins D.J., Kendall C.W.C., Augustin L.S.A., Franceschi S., Hamidi M., Marchie A., Jenkins A.L., and Axelsen M.(2002). Glycemic index: Overview of implications in health and disease. Am J Clin Nutr 76(1) : 266-273.

Kanarek P.B., and Kaufman R.M.(1991). Nutrition and behavior. NY : Van Nostrand Reinhold, pp. 169-181.

Kendall C.W., Augustin L.S., Emam A., Josse A.R., Saxena N., and Jenkins D.J.(2006). The glycemic index: Methodology and use. Nestle Nutr Workshop Ser Clin Perform Programme 11 : 43-53.

Lee W.J., and Jung J.K.(2002). Quality characteristics and preparation of noodles from brown rice flour and colored rice flour. Korean J Culinary Research 8(3) : 267-278.

Liu S., Willett W.C., Stampfer M.J., Hu F.B., Franz M., Sampson L., Hennekens C.H., and Manson J.E.(2000). A prospective study of dietary glycemic load, carbohydrate intake, and risk of coronary heart disease in US woman. Am J Clin Nutr 71(6) : 1455-1461.

Song T.B., Kim Y.H., Shin J.H., Kee Y.K., Cha K.J., Hwang J.H., and Yu J.H.(1995). Effects of types and sweetness intensity of low calorie sweeteners on growth and lactic acid producing. *Lactobacillus bulgaricus* and *Streptococcus thermophilus*. Korean J Dietary Sci 17 : 230-236.

Wardlaw G.M.(2003). Contemporary nutrition. Issues and insights. McGraw-Hill.

Whitney E.N., Cataldo C.B., DeBruyne L.K., and Rolfes S.R.(2001). Nutrition for health and health care. 2nd ed. Wadsworth.

Willet W., Manson J., and Liu S.(2002). Glycemic index, glycemic load and risk of type 2 diabetes. Am J Clin Nutr 76(1) : 274-280.

MEMO

좀 더 알아보기

1. 시중에 나와 있는 기능성 식이섬유제품의 종류 및 특징을 알아보자.

2. 인공감미료의 종류와 적용의 예에 대해 알아보자.

3. 저GI 식품에 대하여 좀 더 알아보자.

4. 식이섬유의 섭취를 높이기 위한 메뉴를 알아보자.

※ 다음 질문에 대하여 O, X로 답하시오.

5. 꿀도 설탕과 같이 자당으로 구성되어 있다. (　　)

6. 탄수화물은 단백질이 에너지로 사용되는 것을 방지한다. (　　)

7. 맥아당은 유당과 포도당이 결합한 것이다. (　　)

8. 너무 많은 설탕을 섭취하면 당뇨병이 걸린다. (　　)

9. 설탕과 전분의 과잉섭취는 충치를 일으킨다. (　　)

10. 불용성 식이섬유는 체내에서 흡수되지 않아 변비를 예방한다. (　　)

11. 콩은 식이섬유와 나트륨의 함량이 적다. (　　)

※ 다음 식품에 포함된 주요 영양분을 보기에서 찾아 적으시오.

전분, 아밀로펙틴, 섬유소, 유당, 포도당, 맥아당, 당첨가

12. 식빵 (   )

13. 현미밥 (   )

14. 우유 (   )

15. 콜라 (   )

16. 브로콜리 (   )

17. 식혜 (   )

18. 포도 (   )

19. 찹쌀 (   )

제3장

단백질
(Protein)

제3장

단백질(Protein)

단백질은 당질, 지질과 함께 동·식물체를 구성하는 주성분으로 생물체의 생명유지에 필수적인 성분이다. 주로 세포의 구조 및 기능에 중추적인 역할을 담당하는 단백질은 당질이나 지질과는 달리 그 원소의 조성이 탄소(C), 수소(H), 산소(O) 외에 질소(N)를 함유하고 있으며, 황(S), 인(P), 철(Fe), 구리(Cu) 등도 함유하고 있다.

섭취한 단백질은 체내에서 가수분해되어 아미노산의 형태로 흡수된 뒤 체조직 형성에 필요한 단백질의 형태로 재합성된다. 단백질을 구성하는 기본단위는 아미노산(amino acid)으로 약 20여 종이 있다.

질소계수

질소는 단백질의 종류에 따라 차이는 있으나 평균 16%가 함유되어 있으며 식물성 단백질에 조금 많은 편이다. 질소의 함량에 질소계수인 6.25(100/16)를 곱하여 단백질 양을 산출한다.

1. 아미노산(amino acid)

1) 아미노산의 구조

아미노산은 단백질을 구성하는 기본단위로 단백질을 산이나 효소로 가수분해하여 생성된다.

아미노산은 탄소원자 1개에 염기성인 아미노기(amino group, $-NH_2$)와 산성인 카르복실기(carboxyl group, $-COOH$)가 결합한 구조(그림 3-1)를 반드시 1개 이상 가지고 있다. 여기에 수소(H)와 R기가 붙어 있는 구조를 가진다. R기는 단순히 수소와 같은 원자형태이거나 복잡한 화학구조일 수도 있다. 이 R기에 따라 아미노산의 종류가 달라지며, 각각의 아미노산의 성질이나 기능이 결정된다. 아미노기($-NH_2$)와 카르복실기($-COOH$)의 수에 따라 산성·중성·염기성 아미노산으로 분류할 수 있다.

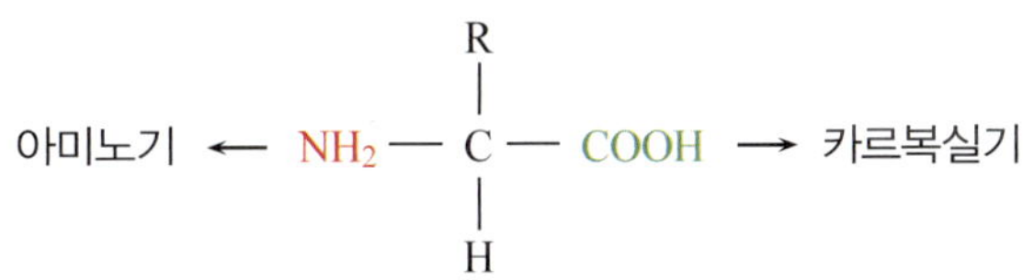

그림 3-1 아미노산의 구조

2개의 아미노산이 결합할 때에는 한 아미노산의 카르복실기와 다른 아미노산의 아미노기 사이에서 1분자의 물이 빠져나오는 탈수·축합에 의해 새로운 결합이 형성된다. 이 결합을 펩티드 결합(-CO-NH-)이라고 한다(그림 3-2).

> 디펩티드(dipeptide) : 아미노산 2개가 결합된 것
> 트리펩티드(tripeptide) : 아미노산 3개가 연결된 것
> 폴리펩티드(polypeptide) : 여러 개의 아미노산이 연결된 것
> ⇒ 단백질은 많은 아미노산이 결합된 물질이므로 폴리펩티드이다.

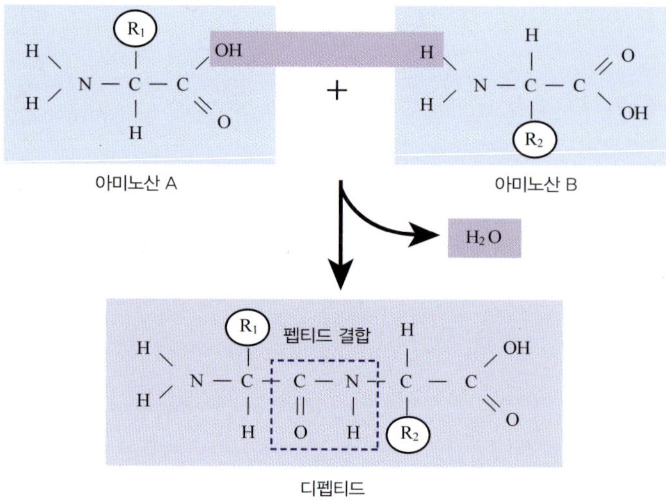

그림 3-2 **펩티드 결합**

2) 아미노산의 종류

필수아미노산과 불필수아미노산의 종류는 표 3-1과 같다.

표 3-1 **필수아미노산과 불필수아미노산**

필수아미노산	불필수아미노산
루신(leucine)	글루타민(glutamine)
리신(lysine)	글루타민산(glutamic acid)
메티오닌(methionine)	글리신(glycine)
발린(valine)	세린(serine)
이소루신(isoleucine)	시스테인(cysteine)
트레오닌(threonine)	아르기닌(arginine)
트립토판(tryptophan)	아스파라긴(asparagine)
페닐알라닌(phenylalanine)	아스파르트산(aspartic acid)
히스티딘(histidine)	알라닌(alanine)
	티로신(tyrosine)
	프롤린(proline)

(1) 필수아미노산

필수아미노산은 충분한 양이 합성되지 못하여 반드시 식사로부터 공급되어야 하는 아미노산을 말한다. 필수아미노산이 충분히 공급되지 못하면 체내에서 단백질 합성이 원활하게 이루어지지 않으므로 정상적인 성장과 건강유지를 위하여 반드시 식품을 통하여 섭취해야 한다.

(2) 불필수아미노산

인체 내에서 합성되는 아미노산이다. 체단백질이 합성되기 위해서는 불필수아미노산의 섭취도 필요하다.

주요 아미노산의 특징

리신 단백질 중에 2~10% 포함되어 있다. 포도당 대사에 관여하며 피로를 없애고 집중력을 높여준다. 간기능을 원활히 하고 육류, 생선, 달걀, 두부 등에 풍부하다.

트립토판 신경안정작용을 하며 불면증을 해소시키지만 장기간 섭취는 위험하다. 체다치즈, 아몬드, 카티지치즈, 바나나, 우유, 난황, 땅콩에 다량 함유되어 있다.

글루타민산 주로 뇌의 연료로 이용되며 뇌, 신경계통의 질환에 효과가 있으나 지나치게 섭취하면 부작용이 나타나기도 한다. 소변의 배설을 촉진시킨다. 세포의 유연성을 유지하며 에너지대사, 질소대사에 관여하고 알코올 의존형 습관을 개선, 궤양의 치유를 빠르게 한다. 해조류, 대두, 소맥분, 땅콩, 사탕무, 아몬드, 사탕수수, 참깨 등에 풍부하다.

글리신 저에너지, 저콜레스테롤인 콩단백질에 풍부하다. 콩단백질의 50%를 차지한다.

아르기닌 성장호르몬의 합성에 관여하여 정신적·육체적으로 건강하게 한다. 질병에 쉽게 걸리지 않고 상처의 치유를 빠르게 하고 식욕억제작용도 있다. 참깨, 송아지고기, 닭고기, 건포도, 우유, 대두, 오트밀, 견과류, 팝콘, 해바라기씨 및 초콜릿에 함유되어 있다.

아스파르트산 단백합성작용과 소변의 합성을 촉진시키는 작용이 있다. 아스파르트산이 암모니아를 체외로 배출시켜 중추신경을 보호한다. 신경전달물질의 원료도 만든다. 질소대사, 에너지대사에 관여하고 피로에 대한 저항력을 높이므로 운동선수의 스태미나 강화제로 드링크류에 첨가한다. 콩나물, 사탕무, 사탕수수, 가지, 복숭아, 견과류, 아스파라거스, 쇠고기, 닭고기, 돼지고기에 풍부하다.

(3) 제한 아미노산

단백질의 질은 단백질을 구성하는 아미노산 중 필수아미노산의 종류와 양에 의해 결정된다. 식품 중에 있는 필수 아미노산 중 인체에서 요구되는 양에 비해서 적게 들어 있는 필수아미노산을 '제한 아미노산'이라고 하며 단백질의 종류에 따라 제한 아미노산은 달라진다. 질이 좋은 동물성 단백질은 모든 아미노산이 골고루 들어 있다. 그러나 콩을 제외한 대부분의 식물성 단백질은 한가지 이상의 제한 아미노산을 가지고 있다.

제한 아미노산 중에 가장 부족한 것을 '제1 제한 아미노산', 두 번째로 부족한 것을 '제2 제한 아미노산'이라 하며, 보통 리신, 트립토판, 트레오닌, 메티오닌이 제한 아미노산인 경우가 많다. 일부 식품에 함유된 리신, 메티오닌, 트레오닌, 트립토판의 함량을 보면 그림 3-3과 같다.

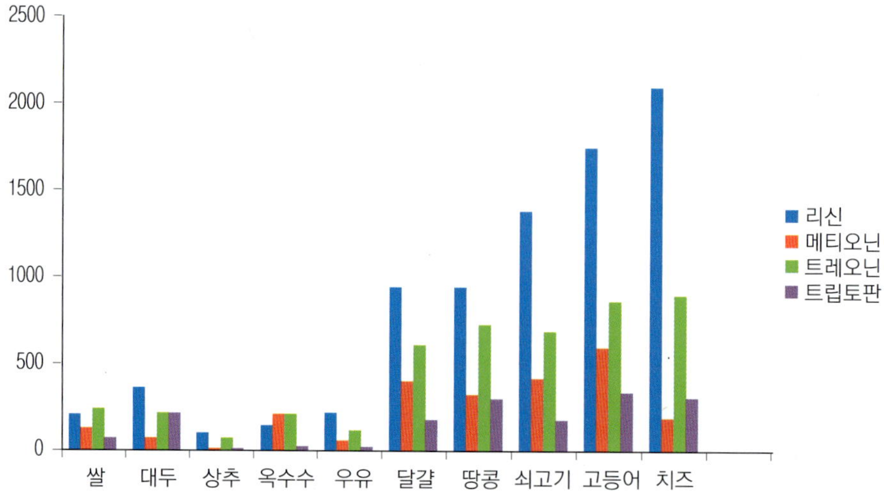

그림 3-3 일부 식품 중의 아미노산 함량

$$단백가(PS) = \frac{식품\ 속에\ 가장\ 부족한\ 아미노산의\ 양}{표준구성에서\ 해당\ 아미노산의\ 양} \times 100$$

(4) 보족효과

단백질의 보족효과란 제한 아미노산이 서로 다른 두 가지 이상의 식품을 함께 섭취하는 경우 단백질의 질을 높여 완전단백질과 같은 효과를 얻을 수 있는 것을 말한다(그림 3-4, 표 3-2). 즉 단백가가 낮은 식품이라도 부족한 필수아미노산을 보충할 수 있는 식품과 함께 섭취하면 단백질의 영양가를 높일 수 있다. 예를 들면 콩을 넣어 지은 밥은 쌀에 부족한 리신(lysine)을 콩에서 보충할 수 있으며, 달걀을 첨가한 빵은 밀에 부족한 리신을 달걀로부터 보충하여 단백질의 질을 높일 수 있다.

쌀과 콩 콩밥

그림 3-4 단백질 보족효과의 예

표 3-2 단백질의 보족효과

식품군	제한 아미노산	제한 아미노산 보강에 좋은 식품
곡류	리신, 트레오닌	두류, 유제품, 어육류, 달걀(난류)
두류	메티오닌	곡류, 견과류
채소, 옥수수	트립토판, 메티오닌, 리신	견과류, 유제품, 어육류, 달걀(난류)

2. 분류

1) 화학적 분류

(1) 단순단백질

단백질을 가수분해하였을 때 아미노산만으로 구성되어 있는 것을 말하며, 알부민(albumin), 글로불린(globulin), 프롤라민(prolamin) 등이 있다.

(2) 복합단백질

복합단백질은 생체 내에서 세포의 기능에 직접 관여하며, 아미노산 이외에 핵산, 당, 지질, 인, 색소, 금속이온 등을 함유하는 단백질이다. 그 성분의 종류에 따라 핵단백질, 당단백질, 지단백질, 인단백질, 색소단백질, 금속단백질 등이 있다.

핵단백질(nucleoprotein)

히스톤 또는 프로타민이 결합되어 있고, 배아, 효모, 세균에 함유되어 있음

당단백질(glycoprotein)

난백의 오보뮤코이드(ovomucoid), 동물의 점액 뮤신(mucin)

지단백질(lipoprotein)

혈청의 리포프로테인(킬로미크론, LDL, VLDL, HDL), 난황의 리포비텔린(lipovitellin)과 리포비텔리닌(lipovitellinin)

인단백질(phosphoprotein)

우유의 카세인, 난황의 비텔린(vitellin)과 비텔리닌(vitellinin)

색소단백질(chromoprotein)

혈색소인 헤모글로빈(hemoglobin)과 미오글로빈(myoglobin)

금속단백질(metalloprotein)

철단백질(페리틴), 구리단백질(예 : 티로시나아제, 헤모시아닌), 아연단백질(예 : 인슐린)

(3) 유도단백질

천연의 단백질이 산이나 알칼리, 효소작용, 가열 등에 의하여 성질이 변화된 것을 말한다. 변화 정도에 따라 약간 변성된 1차 유도단백질과 가수분해된 2차 유도단백질로 구분한다.

① 1차 유도단백질

천연 단백질이 약간 변성된 것으로 기본구조는 대부분 그대로이나 성질이 약간 변화한 것으로 변성단백질이라고도 한다.

② 2차 유도단백질

1차 유도단백질에서 변성이 더욱 진행되어 가수분해가 일어나 아미노산이 되기까지의 중간생성물을 말한다. 가수분해된 정도에 따라 프로테오스(proteose) → 펩톤(peptone) → 펩티드(peptide)로 분류한다.

변성단백질의 변성

열, 산, 물리적 자극, 중금속 등에 의하여 단백질의 3차원 입체구조가 깨지고 풀어지는 과정을 변성이라 한다. 조리에 의한 단백질의 변성으로 소화흡수율이 증가된다.

카세인(casein) → 파라카세인(paracasein)

피브리노겐(fibrinogen) → 피브린(fibrin)

콜라겐(collagen) → 젤라틴(gelatin)

그림 3-5 단백질의 변성

2) 영양적 분류

(1) 완전단백질

동물의 성장과 생명유지에 필요한 모든 필수아미노산이 골고루 들어 있는 단백질을 말한다. 대부분의 동물성 단백질인 육류, 가금류, 달걀, 생선, 우유 등에 많으며, 달걀의 알부민(ovoalbumin)과 글로불린(globulin), 우유의 카세인(casein)과 락토알부민(lactoalbumin), 콩의 글리시닌(glycinine)이 이에 해당한다.

콩의 영양

콩은 '밭에서 나는 쇠고기'라 칭할 만큼 단백질 함량이 높다. 뿐만 아니라 필수아미노산 조성에 있어서도 곡류에 부족하기 쉬운 리신(lysine) 함량이 높아 쌀, 옥수수 등에 혼합하면 부족되기 쉬운 필수아미노산을 보완할 수 있다.

콩에는 식물성 여성호르몬으로 불리는 '이소플라본(isoflavon)'이 함유되어 있어 에스트로겐 부족으로 인한 갱년기 증상을 완화시키고 심장혈관질환 및 암을 예방하는 효과가 있다.

콩은 우유단백질에 대하여 알레르기를 지닌 사람들에게 대처할 수 있는 단백질원이다. 특히, 유당불내증인 성인 및 어린이의 우유대용으로도 좋다.

(2) 부분적 불완전단백질

동물의 성장을 돕지는 못하지만 생명은 유지시킬 수 있는 단백질로 필수아미노산이 함유되어 있으나 그 양이 충분치 않거나 각 필수아미노산들이 균형 있게 들어 있지 않은 단백질을 말한다. 밀의 글리아딘(gliadin)과 보리의 호르데인(hordein) 등이 이에 속한다.

(3) 불완전단백질

동물의 생명을 유지하거나 성장하기에 충분한 양의 필수아미노산을 갖고 있지 못한 단백질로 동물성인 젤라틴(gelatin)과 옥수수의 제인(zein) 등이 있다. 이것만 계속해서 섭취하면 체중이 감소하고 장기간 계속 섭취 시 사망할 수 있다. 불완전단백질 식품을 섭취할 때 그 식품에 부족한 아미노산이 많이 함유된 다른 식품을 함께 섭취하면 아미노산을 보강하는 효과를 볼 수 있다.

젤라틴(gelatin)이란?

젤라틴은 천연단백질인 콜라겐(collagen)을 열탕에서 추출하거나 이를 묽은 산이나 알칼리로 처리하여 얻어지는 유도단백질의 일종이다. 콜라겐은 동물의 껍질, 힘줄, 연골, 뼈에 많이 함유되어 있다. 젤라틴은 동물성 단백질이지만 필수아미노산인 트립토판이 결핍되어 있고 그 외의 필수아미노산들도 미량이어서 불완전단백질로 분류된다.

젤라틴의 분말은 무색 또는 미황색으로 투명하고 맛과 냄새가 거의 없다. 팽화력이 커서 물을 5~10배 흡수하며 따뜻한 물에서는 녹아 졸(sol)이 되고, 2~3% 이상의 농도인 경우 실온에서는 탄성이 있는 겔(gel)이 된다. 그래서 그 응고성을 이용하여 음식물의 증점제, 안정제, 조직감 부여, 항결정화, 피막형성 및 접착 등의 목적으로 과자, 아이스크림, 젤리, 식육가공품 등 다양한 식품에 사용된다.

그림 3-6 젤라틴의 종류

3. 질소평형

단백질대사의 최종산물 중 질소는 주로 소변으로 배설되므로 소변의 질소를 측정하여 체내에서 얼마만큼의 단백질이 산화되었는지를 산출해 낼 수 있다. 체조직 단백질과 조직단백질을 감싸고 있는 체액의 아미노산 사이에 교환이 일어난다. 성인은 새로운 체조직 구성이 거의 일어나지 않고 소모된 조직을 보수하는 데 아미노산을 사용하므로 전체 아미노산의 양에는 변화가 거의 없다. 그 결과 건강한 성인의 경우에는 섭취 질소량이 배설 질소량과 같으나, 연령이나 신체상태에 따라 음·양의 질소평형이 일어날 수 있다.

1) 양의 질소평형

성장기 어린이나 임신부, 회복기 환자는 몸 안에 새로운 조직이 형성되어 질소를 계속적으로 보유하므로 질소의 섭취량보다 질소의 배설량이 더 적다.

2) 음의 질소평형

열량공급이 부족하여 조직단백질이 분해되는 경우로 섭취한 질소보다 배설된 질소가 더 많다. 장기간 영양공급의 불량으로 질병에 걸린 경우에 주로 일어난다.

양의 질소평형	질소평형	음의 질소평형
질소 섭취 〉 질소 배설	질소 섭취 = 질소 배설	질소 섭취 〈 질소 배설
성장기 어린이 임신부 회복기 환자 근육 증가 성장호르몬, 남성호르몬 분비 증가	건강한 성인	기아 환자(수술, 화상, 발열, 신장병) 갑상선호르몬 분비 증가

그림 3-7 질소평형

4. 기능

단백질은 신체 내 모든 세포에서 발견되며, 신체조직의 성장과 유지에 매우 중요하다. 단백질을 충분히 섭취해야 임신기의 태아발달, 성장기 청소년의 정상적인 성장이 이루어질 수 있으며, 성인의 경우에는 신체를 유지하는 데 없어서는 안 될 성분이다. 즉 단백질은 구성소, 조절소, 열량소의 역할을 하는 중요한 영양소이다.

1) 에너지원 및 포도당 생성

대부분의 세포에서는 우선적으로 당질이나 지질을 에너지원으로 사용하나, 이들이 부족한 경우 단백질이 4kcal/g의 에너지원으로 사용된다. 당질의 섭취부족으로 혈당이 저하되면 간에서 아미노산으로부터 포도당을 합성한다.

2) 신체의 구성분

단백질은 근육, 피부, 뼈, 머리카락 등의 신체를 구성하는 중요한 구성요소로서 신체조직의 성장과 유지에 중요하다. 특히 빠른 성장으로 인해 많은 단백질이 요구되는 시기인 성장기, 임신 및 수유기에 충분한 양을 공급해 주어야 한다. 일단 형성된 인체의 단백질이라도 계속적으로 퇴화하고 재생되어야 하므로 매일 규칙적으로 적절한 양이 공급되어야 한다.

3) 면역기능

단백질은 면역체계에서 사용되는 세포들의 주요 성분을 구성하며, 면역세포에서 생성하는 항체로서 작용하여 질병에 대해 저항력을 갖게 한다. 따라서 식사로 섭취하는 단백질이 충분하지 못할 경우 면역세포 수가 부족하거나 기능이 떨어져서 전염병에 쉽게 감염될 수 있다.

4) 효소, 호르몬, 신경전달물질의 형성

단백질이나 아미노산 형태로 생체의 주요 기능을 담당하는 물질로 작용하거나, 주요 생리물질의 합성에 전구체로 작용한다.

생물체 내에서 체내의 각종 생화학반응의 속도를 조절하는 촉매를 효소라고 한다. 생물체 내의 모든 효소는 단백질이다. 체내에서 일어나는 생화학반응의 종류는 무수히 많으나 각각의 반응에는 그 반응에만 촉매작용을 하는 효소가 요구된다. 단백질은 이러한 효소들을 만들어낼 수 있다.

또한 세크레틴, 가스트린, 글루카곤, 인슐린 등과 같은 대부분의 호르몬은 단백질로 이루어져 있다. 트립토판이 부족하게 되면 신경전달물질인 세로토닌의 합성이 저하되고, 티로신이 부족하면 전구체인 카테콜아민(catecholamine)의 합성이 제대로 되지 않는다.

세로토닌(serotonin)이란?

세로토닌은 뇌신경전달물질로서 감정과 기분을 잘 조절하게 만들고, 수면이나 기억, 식욕 조절 등에 관여한다. 세로토닌이 부족하면 우울증에 걸리기 쉽고 자극이나 통증에 민감해지며 폭력적으로 되기 쉽다.

5) 체수분 평형유지

세포 내외의 체액은 여러 요인에 의해 영향을 받는데 그중 중요한 것이 단백질이다. 혈액에 있는 단백질인 알부민과 글로불린 등은 체내 수분평형유지를 돕는 작용을 한다. 혈중 단백질은 분자량이 커서 모세혈관을 통과하지 못하여 혈관 내의 삼투압을 조직보다 높게 유지시킨다. 이로 인해 대부분의 수분은 혈관에 머무르게 된다. 식이섭취를 통해 단백질을 충분히 공급하지 못하면 혈액 중의 단백질 양이 줄어들어 말초 모세혈관이 있는 조직에 영양성 부종이 나타난다(그림 3-8).

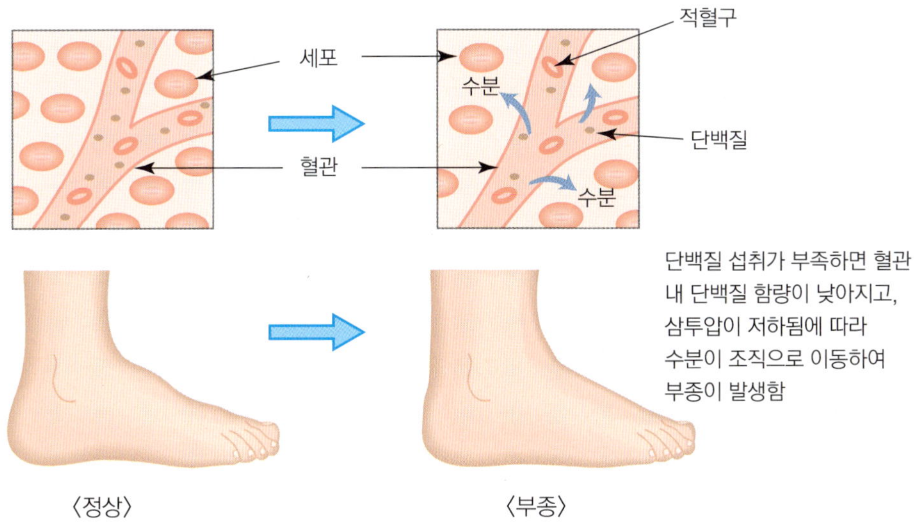

그림 3-8 **부종**

6) 산·알칼리 평형유지

혈액 중의 단백질은 체내에서 산과 알칼리의 역할을 다 할 수 있는 양성물질로 쉽게 수소이온(H^+)을 내어주거나 받아들임으로써 완충제로 작용한다. 혈액의 pH를 항상 일정한 상태인 pH 7.35~7.45로 유지시키는 데 관여한다.

5. 영양문제

1) 결핍증

저개발국과 개발도상국에서는 에너지와 단백질 섭취가 낮아 성장저해와 질병에 걸리기 쉽다. 뿐만 아니라 선진국의 경우에도 과다한 다이어트로 인한 단백질 결핍증을 볼 수 있다. 단백질과 에너지가 부족한 식사를 하면 PEM(Protein-energy malnutrition)이라는 영양부족증 증상이 나타난다.

단백질 결핍증은 어른보다 어린아이에게서 많이 찾아볼 수 있다. 이는 성장을 위해 단백질 요구량이 증가되기 때문이다. 성인의 경우에는 주로 병원에 입원한 환자들이나 에이즈, 암, 결핵, 흡수불량증, 신장과 간질환, 식욕감퇴증 같은 질환의 2차 증상으로 PEM이 나타난다.

(1) 콰시오커(Kwashiorkor)

에너지는 어느 정도 충족이 되나 양질의 단백질이 부족한 상태에서 콰시오커가 나타난다. 성장이 지연되고, 지방간에 의하여 복부가 나오며, 모발이 탈색되어 붉게 변하고, 하지에 심한 부종이 생기면서 저항력이 떨어진다. 이런 증상을 치료하기 위해 양질의 단백질을 충분히 공급해야 한다.

(2) 마라스무스(Marasmus)

이유기와 유아기에 에너지와 단백질이 모두 부족한 기아상태일 때 나타난다. 체지방의 감소와 근육의 쇠퇴로 심하게 말라 얼굴은 주름이 잡혀 노인 같다. 지방간이나 부종은 없으며, 피부와 모발도 비교적 정상이지만 질병에 대응할 체력이 부족하므로 고단백·고에너지식사가 필요하다.

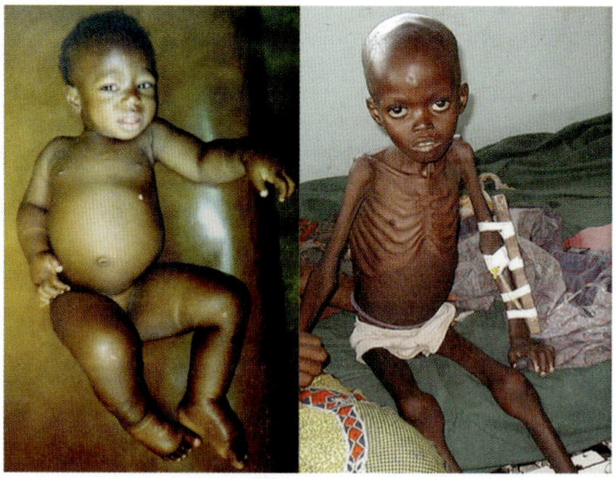

출처 : Eleanor Noss Whitney, Eva May Nunnelley Hamiton(1987), Understanding Nutrition, Fourth Edition, West Publishing Company, p. 152.

그림 3-9 콰시오커(왼쪽)와 마라스무스(오른쪽)인 어린이

(3) 일반적 결핍증

단백질 결핍증은 단백질의 섭취부족이나 질 낮은 단백질 섭취, 흡수장해, 단백질의 소모 증가 등으로 나타난다. 성인에게는 결핍증이 단시간에 나타나지 않고 장기간의 결핍 시 나타난다. 초기에는 체중 감소와 피로, 초조감 등이 나타나며, 이외에도 부종, 저혈압, 빈혈, 피부의 색소변화, 성욕감퇴, 유즙분비의 감소, 질병의 저항력 약화 등의 현상이 나타난다. 성장기 아동의 경우에는 성장이 지연된다.

단백질 결핍증은 에너지가 부족하고 동시에 여러 가지 영양소가 부족되어 나타나는 경우가 많다.

2) 과잉증

2011년 국민건강영양조사에 의하면 우리 국민 1인당 하루 평균 단백질 섭취량은 73.6g이다. 질이 좋은 단백질을 많이 섭취하는 것이 좋지만 너무 많이 섭취할 경우 여분의 단백질은 글리코겐이나 지질의 형태로 전환되어 체내에 축적되어 체중이 증가된다. 또한 단백질은 식이성 발열효과가 당질이나 지질에 비해 훨씬 높아 대사가 항진되고, 혈압상승과 함께 피로감을 초래한다. 몸 안에서 요소가 많이 만들어져 간과 신장에 부담을 주기도 한다.

단백질을 충분하게 섭취하는 것은 최대 골질량의 형성과 유지에 중요하지만, 권장섭취량의 2배가 넘게 단백질을 섭취하면 혈액의 산성도가 높아진다. 혈액의 산성화는 뼈의 칼슘 고갈을 일으켜 골다공증을 유발한다. 또한 고단백식품은 지질과 콜레스테롤도 높은 경우가 많기 때문에 고지혈증과 관상동맥경화증 등의 발병위험이 증가하게 된다.

6. 소화와 흡수

1) 소화

구강에는 단백질의 소화효소가 없으므로 저작에 의한 기계적인 소화만 일어난다.

음식물이 위로 들어오면 위에서는 호르몬인 가스트린(gastrin)이 분비된다. 가스트린에 의해 위의 주세포에서 펩시노겐(pepsinogen)의 분비가 촉진되며 염산(HCl)에 의해 펩신(pepsin)으로 활성화된다.

소장에서는 세크레틴(secretin)의 분비로 췌액이 분비된다. 췌액 중의 트립신(trypsin), 키모트립신(chymotrypsin), 카르복시펩티다아제(carboxypeptidase)는 펩티드의 특정 부위를 가수분해한다. 소장에서 아미노펩티다아제(aminopeptidase)와 디펩티다아제(dipeptidase)가 분비되어 아미노산으로 최종 분해한다(표 3-3).

표 3-3 단백질의 소화

기관	효소			소화작용	
	불활성형	활성촉진제	활성형	기질	최종산물
위	펩시노겐	염산	펩신	단백질	프로테오스, 펩톤
	–	–	레닌	카세인	파라카세인
췌장	트립시노겐	엔테로키나아제	트립신	단백질, 긴 폴리펩티드	펩톤, 짧은 폴리펩티드
	키모트립시노겐	트립신	키모트립신		
	프로카르복시 펩티다아제	트립신	카르복시 펩티다아제	펩톤, 폴리펩티드	디펩티드, 아미노산
소장	–	–	아미노 펩티다아제	폴리펩티드	디펩티드, 아미노산
	–	–	디펩티다아제	디펩티드	아미노산

위산의 작용

위의 벽세포에서 분비되는 염산은 펩시노겐과 프로레닌(prorennin)을 펩신과 레닌으로 활성화하고, 음식물 속의 각종 세균을 죽이며, 위의 내부를 강한 산성 환경으로 만들어 펩신의 활동을 도와준다(펩신의 최적 pH는 1.5~2.0).

2) 흡수

단백질 소화로 생성된 아미노산은 융모의 모세혈관으로 흡수된 후 문맥을 통하여 간으로 운반된다. 간혹 저분자의 펩티드도 흡수되어 과민증을 유발하기도 한다. 단백질의 소화 흡수율은 92% 수준이다. 이렇게 흡수된 아미노산은 항체단백질과 혈장·효소·호르몬을 형성하거나 근육, 피부, 머리카락 등과 같은 몸의 구성분이 된다.

7. 영양소 섭취기준과 함유식품

1) 영양소 섭취기준

19~29세 한국 성인의 단백질 섭취기준은 표 3-4와 같으며, 권장섭취량은 남자 65g/일 및 여자 55g/일로, 이를 하루 3끼로 나누어 섭취한다면 한끼에 남자는 22g, 여자는 18g가량 된다. 이 중에서도 1/3은 필수아미노산이 풍부한 양질의 단백질인 쇠고기, 달걀, 우유 등의 동물성 단백질로 섭취하는 것이 바람직하다. 단백질 섭취가 부족하면 성장지연, 면역력 저하, 부종, 빈혈 등이, 과잉섭취하면 비만, 심혈관계질환 및 당뇨의 발병위험이 높아지므로 적절한 섭취가 중요하다.

표 3-4 19~29세 성인의 단백질 섭취기준

	단백질(g/일)	
	평균필요량	권장섭취량
남자	50	65
여자	45	55

2) 함유식품

단백질이 풍부한 식품은 육류, 어류, 두류, 유제품 등으로 그림 3-10과 같다. 쇠고기, 돼지고기, 닭고기 등의 동물성 단백질은 필수아미노산이 풍부하고, 생선, 달걀, 치즈, 우유 등은 생물가가 높은 단백질이 많이 함유되어 있다. 식물성 식품인 콩에도 필수아미노산이 다량 함유되어 있다.

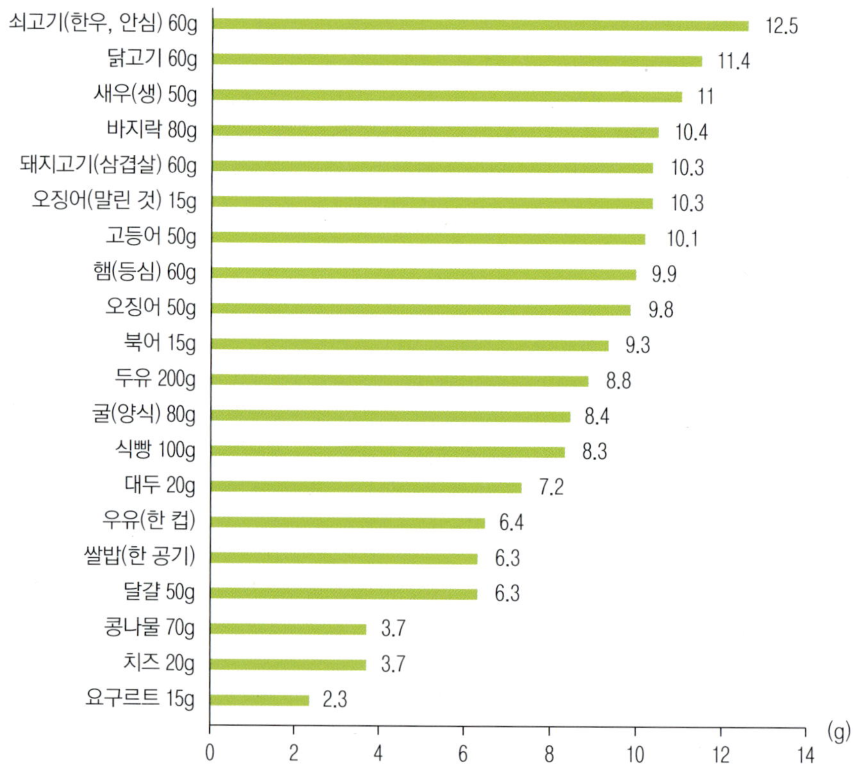

그림 3-10 식품 중의 단백질 함량

단백질이 많이 함유된 식품

3) 단백질 필요량에 영향을 미치는 요인

체격

근육이 많을수록 근육을 유지하기 위하여 더 많은 단백질이 필요하다.

성장기 연령

성장에 필요한 단백질을 공급하기 위하여 더 많은 단백질이 필요하다.

질병이나 수술, 저영양상태

회복을 위하여 단백질의 필요량이 증가하므로 더 많은 단백질이 필요하다.

열량식품의 공급

열량이 부족하면 단백질이 에너지원으로 쓰이게 된다.

단백질의 질

생물가가 높은 동물성 단백질일수록 필수아미노산이 고루 함유되어 있어서 필요량이 감소된다.

스트레스

질소대사의 항진으로 더 많은 단백질이 필요하다.

대표적인 고단백질 식품

달걀

영양이 풍부한 양질의 고단백 식품이지만 달걀 노른자에는 콜레스테롤 함량이 높아 걱정하는 사람이 많다. 노른자 1개에 들어 있는 콜레스테롤은 하루 섭취량으로 적당하다. 만약 콜레스테롤이 문제가 되면 달걀 노른자를 줄이거나 흰자만 섭취하면 된다. 또한, 노른자 성분의 약 70%를 차지하는 레시틴은 뇌의 중요한 성분으로 두뇌활동에 꼭 필요하다. 특히 달걀 흰자에 풍부한 메티오닌은 두뇌발달 및 성장기 청소년에게 꼭 필요한 영양소이다.

쇠고기

쇠고기에는 15~20%의 단백질이 들어 있고 필수아미노산이 골고루 들어 있다. 또한, 철분이 풍부하며 소량의 글리코겐과 포도당이 들어 있다. 쇠고기는 산성식품이므로 영양균형과 맛의 조화를 위해 무기질과 비타민이 많이 함유되어 있는 채소와 함께 섭취하는 것이 좋다(예 : 불고기와 채소쌈).

식물성 고기(인조고기)

대표적인 식물성 고기에는 밀고기와 콩고기가 있다. 밀고기는 밀에서 추출한 글루텐 단백질로 만든 것이며, 콩고기는 콩에서 단백질을 분리하고 이를 섬유상으로 만들어 육류와 비슷한 조직으로 만든 대두가공품이다. 콩단백섬유는 원료탈지대두에 비하여 메티오닌과 시스틴의 함량이 낮아 함황아미노산의 양이 감소되는 영양적 문제가 있다. 그러나 식물성 고기는 동물성 고기에 들어 있는 여러 가지 단점을 없애면서 고기 맛을 즐길 수 있고 쇠고기, 돼지고기, 닭고기 등 종류에 따라 맛을 선택할 수 있다. 식물성 고기를 이용하여 불고기, 탕수육, 조림, 스테이크 등 일반 고기와 똑같이 요리를 만들 수 있다.

글루텐으로 밀고기 만들기

재료 : 글루텐 가루 500g, 물 500g, 소금 10g

① 체에 내린 글루텐 가루에 물, 소금을 넣고 응어리 없이 잘 반죽한다(물 대신 다시마 삶은 물이나 표고버섯 우려낸 물을 이용하면 좋다).

② 반죽한 덩어리를 5~7cm 두께로 펴서 기름 바른 찜통에 넣고 중불에서 천천히 고루 잘 익힌다.

③ 완성된 밀고기는 원하는 조리방법에 따라 뭉쳐서 양념하거나 그대로 구워 먹는다.

④ 남은 반죽은 알맞게 나눠 비닐팩에 담아 냉동실에 보관했다가 필요할 때마다 꺼내서 얼려둔 반죽을 얇게 썰어 기름 두른 팬에 살짝 굽거나 오븐에 구워서 요리한다.

* 삶은 대두콩, 감자, 양파, 견과류(호두, 땅콩, 잣, 아몬드 등) 등을 믹서에 갈아서 섞거나 후춧가루를 기호에 따라 넣어준다.

참고문헌

구재옥, 임현숙, 정영진, 윤진숙, 이애랑 이종현(2008). 이해하기 쉬운 영양학. 파워북.

권태완(1996). 콩박사 권태완과 함께 떠나는 콩 건강여행. 성하출판.

김갑순, 김영주, 김영현, 남혜영, 오세인, 이미경, 이정실, 이혜준, 정수자, 최미숙, 하귀현, 허채옥(2003). 기초영양학. 한국식품영양관련학과 교수협의회. 도서출판 효일.

김미경, 왕수경, 신동순, 정해랑, 권오란, 배계현, 노경아, 박주연 편역(2005). 생활 속의 영양학. 라이프사이언스.

농촌진흥청(2001). 식품성분표(제6개정판).

민경찬, 김현오, 이애랑, 황금희, 김종현, 이정실, 김애정, 김미옥, 최향숙, 박명수, 정상열(2011). 기초영양학(개정 4판). 광문각.

보건복지부(2011). 2011년도 국민건강영양조사 보고서.

보건복지부(2020). 2020 한국인 영양소 섭취기준.

서정숙, 서광희, 이승교, 정현숙(2007). New 영양학. 지구문화사.

이건순(2008). 웰빙 식생활과 건강. 라이프사이언스.

이상선, 정진은, 강명희, 신동순, 정혜경, 장문정, 김양하, 김혜영, 김우경(2008). NEW영양과학. 지구문화사.

이정실, 최경순(2007). 다이어트론 및 실습. 대왕사.

이혜성, 김혜영, 박혜련, 장순옥, 최영선(2004). 최신영양학. 효일.

장유경, 최영진, 김은미, 원선임(2007). 건강을 위한 기초 영양. 형설출판사.

최혜미(2001). 21세기 영양학. 도서출판 효일.

최혜미, 김정희, 김초일, 송경희, 장경자, 민혜선, 임경숙, 변기원, 송은승, 송지현, 강순아, 여의주, 이홍미, 김경원, 김희선, 김창일, 남기선, 윤은영, 김현아, 구재옥, 김동연, 노만수, 서필원, 이주희(2001). 21세기 영양학(개정판). 교문사.

최혜미, 김정희, 이주희, 김초일, 송경희, 장경자, 민혜선, 임경숙, 이홍미, 김경원, 김희선, 윤은영(2006). 21세기 영양과 건강 이야기(제2판). 라이프사이언스.

한국영양학회 편집부(2010). 한국인 영양섭취기준. 한국영양학회.

한국영양학회(2016). 2015 한국인 영양섭취기준. 한국영양학회.

허채옥, 권순형, 김은미, 원선임, 박용순, 박진희, 김상연, 정경아, 김은영, 박유신 (2008). 기초 영양학. 수학사.

Eleanor Noss Whitney, and Eva May Nunnelley Hamiton(1987). Understanding Nutrition. Fourth Edition. West Publishing Company, pp. 133-166.

Karen Eich Drummond, and Lisa M. Brefere(2007). Nutrition for foodservice and culinary professionals. 6th ed. pp. 187-213.

Lehninger A.L., Nelson D.L., and Cox M.M.(1993). Principle of Biochemistry. 2nd ed. Worth Publishers Inc.

Maurice E. Shils, James A. Olson, and Moshe Shike(1994). Modern Nutrition in Health and Disease. Eighth Edition. Lea&Febiger, pp. 3-35.

Sara M. Hunt, and James L. Groff(1990). Advanced Nutrition and Human Metabolism. West Publishing Company, pp. 129-168.

Stryer L.(1988). Biochemistry. 3rd ed. 서울외국서적주식회사.

MEMO

좀 더 알아보기

1. 단백질이 풍부한 식품을 알아보자.

2. 단백질 보족효과가 있는 식품의 배합을 알아보자.

※ 다음 질문에 대하여 O, X로 답하시오.

3. 단백질에 질소가 6.25% 함유되어 있다. ( )

4. 필수아미노산은 체내에서 만들어지지 않는다. ( )

5. 필수아미노산 섭취가 충분하면 불필수아미노산은 필요하지 않다. ( )

6. 혈장 알부민의 결핍은 부종을 유발한다. ( )

7. 불완전단백질에 제한아미노산을 첨가하면 완전단백질이 된다. ( )

8. 단백질 섭취량에서 동물성과 식물성 식품의 균형이 필요하다. ( )

9. 건강한 성인은 질소의 섭취량과 배설량이 평형을 이룬다. ( )

10. 콰시오커는 단백질 부족과 에너지가 절대적으로 부족할 때 발생한다. ( )

11. 모든 식물성 식품은 단백질이 불충분하다. ( )

12. 모든 아미노산은 중성이다. ( )

제4장

지질
(Lipid)

제4장

지질(Lipid)

지질은 고체인 지방과 액체인 기름을 모두 포함하여 일컫는 말이며, 당질과 마찬가지로 탄소(C), 수소(H) 및 산소(O)로 구성되어 있다. 지질은 생물계에 널리 분포하며 물에 녹지 않고 유기용매에 녹는다. 순수한 지질은 무색, 무미, 무취이지만 천연지질은 유색물질이 녹아 착색되어 있다. 식품섭취를 통한 지질이나 당질의 과잉섭취로 체내에서 합성된 지방은 간이나 지방조직에 저장된다. 최근 식생활의 변화로 지질섭취량이 증가하면서 비만, 암, 동맥경화 등의 만성퇴행성 질병이 크게 증가하였다. 이들 질병의 예방과 치료차원에서 지질의 균형섭취를 위해 지질의 총섭취량 및 구성분인 지방산의 종류에 관심을 가져야 한다.

1. 지방산

지방산은 중성지방의 구성분으로 한쪽 끝은 카르복실기(-COOH), 다른 한쪽끝은 메틸기($-CH_3$)가 있으며 가운데의 긴 탄소사슬에 수소(-H)들이 결합되어 있다(그림 4-1). 지방산은 이중결합의 여부에 따라 포화지방산과 불포화지방산으로 나눈다. 또한 이중결합의 위치에 따라 오메가-3(ω-3), 오메가-6(ω-6) 및 오메가-9(ω-9) 지방산으로 나눈다. 한편 불포화지방산은 이중결합을 중심으로 좌우 탄소사슬의 모양에 따라 시스(cis)지방산과 트랜스(trans)지방산으로 나눈다. 또한 지방산 중 체내에서의 합성 여부에 따라 필수지방산, 비필수지방산으로 나눈다.

1) 포화지방산과 불포화지방산

포화지방산(saturated fatty acid ; SFA)

지방산 사슬 내의 탄소와 탄소 사이에 이중결합이 없고 단일결합만으로 이루어져 있다. 포화지방산이 많은 지방은 고체나 반고체 상태이고 융점이 높으며 주로 동물기름에 많고 식물성인 코코넛, 야자유 등에도 다량 함유되어 있다. 자연계에 풍부한 포화지방산으로 식물성유에는 팔미트산(palmitic acid)이 많고 동물성 지방에는 스테아르산(stearic acid)이 많이 함유되어 있다. 포화지방산은 혈액 중에 콜레스테롤 수치를 높이게 되므로 동맥경화증을 유발하게 된다.

불포화지방산(unsaturated fatty acid ; UFA)

탄소와 탄소 사이에 이중결합을 가진 것이다. 단일불포화지방산(monounsaturated fatty acid ; MUFA)은 지방산에 이중결합이 1개 있는 것으로 올리브유나 카놀라유에 많이 함유되어 있다. 단일불포화지방산은 혈청 콜레스테롤 수치를 낮춰 심장질환의 발병위험을 줄이게 된다.

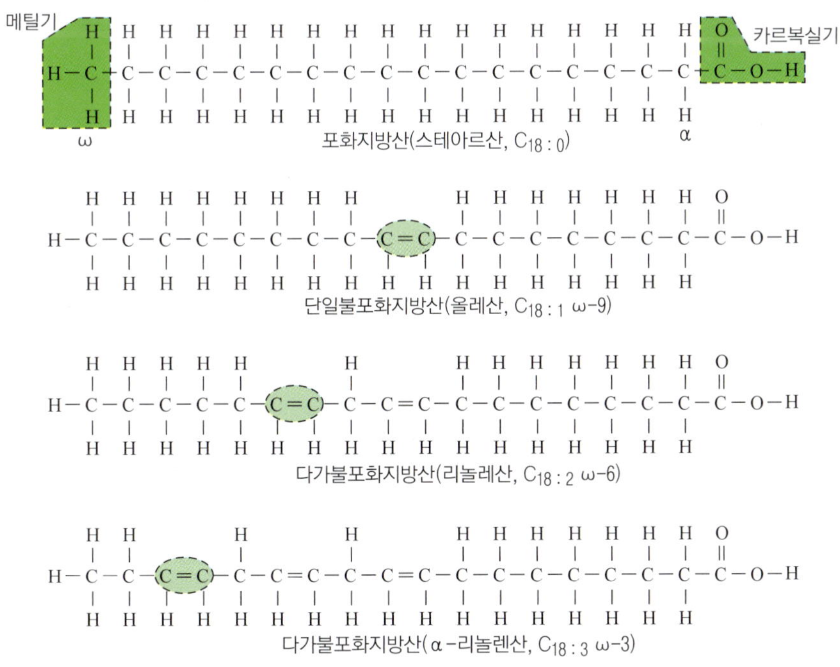

그림 4-1 포화지방산, 단일불포화지방산, 다가불포화지방산의 구조

다가불포화지방산(polyunsaturated fatty acid ; PUFA)은 이중결합이 2개 이상 있는 지방산으로 옥수수유, 홍화씨유, 해바라기씨유, 낙화생유, 면실유, 대두유, 생선기름, 호두기름, 아마기름 등에 풍부하다.

2) 오메가지방산

지방산의 카르복실기 반대편 끝에 있는 메틸기의 마지막 탄소가 오메가(**ω**)탄소이며, 메틸기로부터 몇 번째 탄소에 이중결합이 있는가에 따라 **ω**-3 혹은 **ω**-6 지방산으로 분류한다.

대표적인 **ω**-3계 지방산으로는 α-리놀렌산(α-linolenic acid)과 이것으로부터 합성되는 EPA와 DHA가 있다. 대표적인 **ω**-6 지방산으로는 리놀레산(linoleic acid), γ-리놀렌산(γ-linolenic acid) 및 아라키돈산(arachidonic acid)이 있다. 한편 대표적인 **ω**-9계 지방산으로는 올레산(oleic acid)이 있다.

```
               다가불포화지방산
                   (PUFA)
              ↙            ↘
        ω-3                    ω-6
    (α-리놀렌산)            (리놀레산)
     ↙       ↘              ↙       ↘
  DHA        EPA      γ-리놀렌산   아라키돈산
```

ω-3 지방산은 혈청 중성지방과 콜레스테롤 농도를 저하시켜 심장혈관계 질환의 발병위험을 낮춘다. 기억학습능력 저하와 시력의 저하를 예방한다. 또한, 알레르기를 예방하고 당뇨병을 치료하며 항종양효과가 있다고 알려져 있다.

ω-6 지방산은 혈청 콜레스테롤 수치를 저하시켜 심장질환의 위험을 낮출 수 있으나 과잉섭취 시 혈청 콜레스테롤을 간으로 전달하여 혈액순환에 도움이 되는 HDL-콜레스테롤의 농도를 낮춘다.

인체는 **ω**-3 지방산과 **ω**-6 지방산 모두가 필요하다. **ω**-3 지방산만 강조하여 섭취할 경우 **ω**-3 지방산은 고도의 불포화지방산이므로 쉽게 산화된다. 그로 인하여 생성된 과산화물은 세포막이나 혈관벽에 손상을 초래할 수 있다. 따라서 두 가지 지

방산을 균형에 맞게 섭취해야 바람직하다. 한국인을 위한 영양소 섭취기준에서는 모유의 ω-6 : ω-3 지방산 비율인 4~10 : 1 정도로 권장하고 있다.

표 4-1 오메가지방산의 급원식품

	지방산	급원식품
ω-3	리놀렌산 EPA, DHA	카놀라유, 아마인유, 들기름, 호두, 잣 고등어, 청어, 연어, 다랑어, 멸치 등 생선기름 쇠비름, 깻잎, 양배추, 갓, 콜리플라워, 브로콜리 등의 평지과 식물
ω-6	리놀레산 아라키돈산	대두유, 옥수수유, 홍화씨유, 해바라기씨유, 면실유, 참기름 포도씨기름, 달맞이꽃기름 육류(리놀레산으로부터 합성)
ω-9	올레산	올리브유, 카놀라유

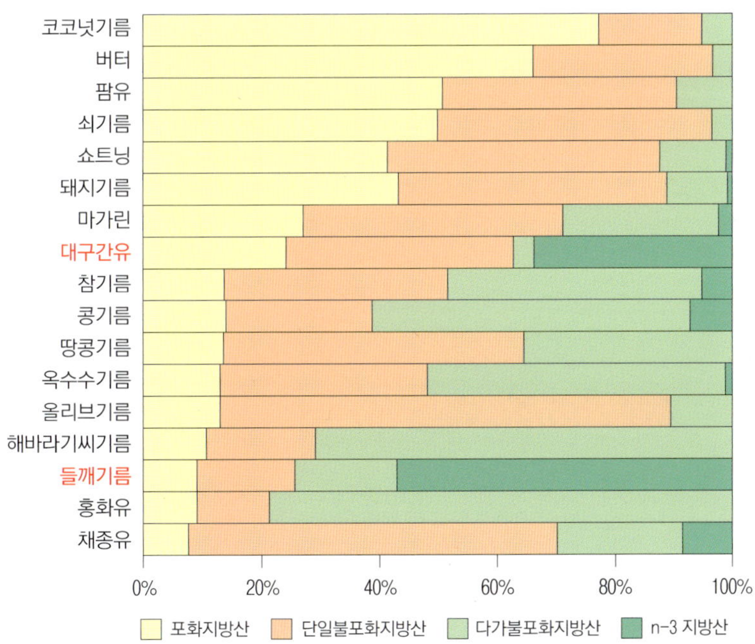

그림 4-2 식용유지의 지방산 조성

3) 시스지방산과 트랜스지방산

불포화지방산은 이중결합을 중심으로 좌우 탄소사슬의 결합 위치에 따라 2가지로 나뉜다. 이중결합을 한 탄소에 결합한 수소가 서로 같은 방향으로 결합하면 시스(cis)지방산이라 하고, 서로 반대방향으로 결합하면 트랜스(trans)지방산이라 한다.

자연식품 중의 불포화지방은 대개가 시스형이며 트랜스지방산은 극히 일부만 함유되어 있다. 트랜스지방산은 이중결합을 갖고 있지만 전체적인 모양은 포화지방산과 비슷하다. 트랜스지방산은 불포화지방산에 수소를 첨가하는 가수소화(hydrogenation)과정에서 생기며 주로 가공식품에 다량 함유되어 있다.

최근의 연구결과에서 트랜스지방산의 섭취가 건강에 영향을 미친다고 한다. 트랜스지방산은 호흡계를 손상시키고 면역기능을 저하시킨다. 혈청 LDL-콜레스테롤 수준을 높이고, HDL-콜레스테롤 수준을 낮추어 심장병을 증가시킨다. 또한 유방암, 전립선암 등의 암 발병률을 증가시키며, 가임기 여성의 트랜스지방 섭취는 불임률을 증가시킨다. 임신 중 트랜스지방산을 섭취하면 태아의 뇌에 트랜스지방산이 축적되어 출생 후 정서장애, 과잉행동, 집중력부족, 우울증 및 과민증을 유발한다는 보고가 있다.

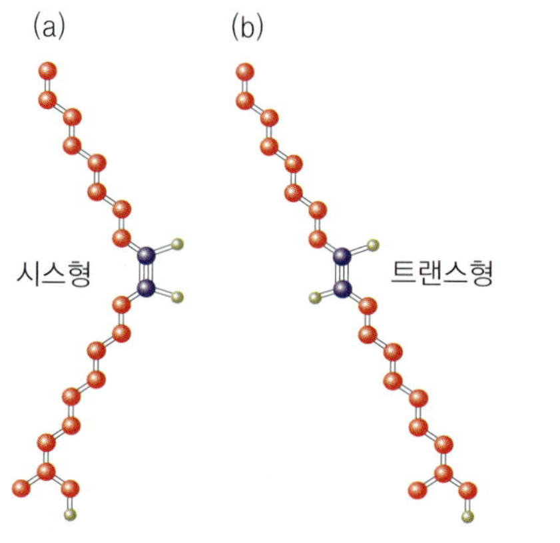

그림 4-3 시스지방산(a)과 트랜스지방산(b)

우리나라에서도 2007년 12월부터 모든 음식의 트랜스지방산 함량 표시가 의무화되었다. 그러나 2g 미만 함유된 경우 표시의무사항이 없으므로 0g 표시가 트랜스지방산이 없다는 것은 아니다.

가수소화(hydrogenation)

식물성 유지에 니켈(Ni) 등의 금속을 촉매제로 이용하여 수소를 첨가하면 불포화지방산 중 일부가 포화되고 안정성이 높은 유지인 경화유가 만들어진다. 마가린과 쇼트닝은 대표적인 경화유로 버터와 라드의 대체식품으로 이용되고 있으며, 경제적인 가격으로 동물성 식품의 맛과 풍미를 얻을 수 있다. 그러나 가수소화 과정으로 인해 식물성 유지의 불포화지방산이 트랜스지방산으로 변화된다.

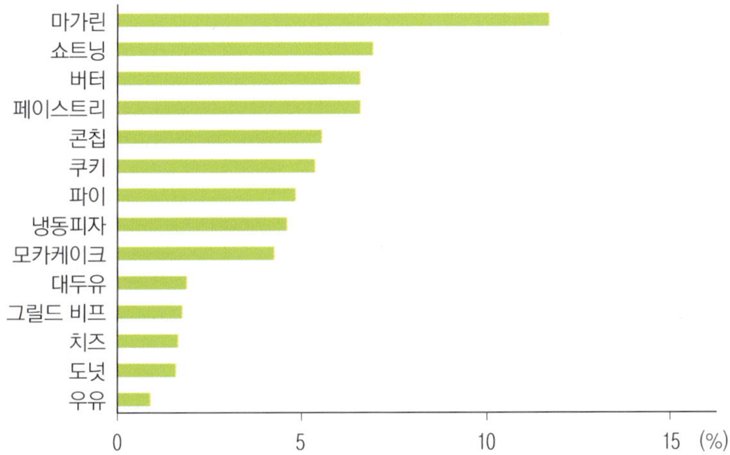

그림 4-4 식품 중 트랜스지방의 함량

4) 필수지방산

필수지방산은 신체의 정상적인 성장과 유지 및 생리기능의 유지에 필수적이다. 인체 내에서 합성이 안 되며 리놀레산(linoleic acid), 리놀렌산(linolenic acid) 및 아라키돈산(arachidonic acid) 등 3가지가 있다. 필수지방산 중 가장 중요한 것은 리놀레산이며 1일 총에너지 섭취의 1~2% 섭취를 권장한다. 아라키돈산은 체내에서 리놀레산으로부터 합성되지만 그 양이 부족하므로 필수지방산으로 간주한다.

필수지방산은 체내에서 면역과 시각 기능에 중요한 역할을 하며 결핍되면 성장장애와 피부염이 발생한다. 또한 세포막을 구성하는 인지질에 결합되어 세포막에 적당한 유동성을 부여해 준다. 필수지방산이 대사되어 생성되는 탄소수 20개의 불포화지방산을 총칭하여 아이코사노이드(eicosanoids)라 하는데 종류는 프로스타글란딘(prostaglandin), 류코트리엔(leukotriene) 및 트롬복산(thromboxane)이 있다. 이들은 호르몬 유사물질로 체내에서 혈액의 응고를 감소시키고 감염과정을 줄이는 물질을 합성하며 면역반응에도 관여하는 등 신체의 기능을 조절해 준다.

EPA와 DHA

EPA(eicosapentaenoic acid ; C20 : 5)와 DHA(docosahexaenoic acid ; C22 : 6)는 **ω**-3계 불포화 지방산이다.

EPA는 혈압을 낮추고 혈소판 응집능력을 억제하여 동맥경화의 진행을 억제하는 효과가 있다.

DHA는 염증을 억제하여 천식, 관절염 등을 예방하고, 면역능력강화로 감염성 질환과 알러지증상 및 암발생을 감소시킨다. DHA는 사람 뇌와 망막에 함유되어 있으며, 두뇌세포 발달 및 치매예방 효과가 있다. 또한, 뇌 회백질 구성 지방산의 10% 이상이 DHA인데 이는 인지기능, 학습능력 및 시각의 기능과 관련이 있다.

ω-3 지방산 함량이 많이 함유된 식품으로는 꽁치, 참치, 정어리, 연어 등이 있다. 그러나 어유와 같은 **ω**-3 보충제를 사용할 때는 주의가 필요하다. **ω**-3 지방산을 과다섭취하면 출혈시간 증가, LDL-콜레스테롤 상승, 면역기능 저하와 같은 부작용이 있다. 또한, 수은오염으로 인한 안정성문제도 고려하여야 한다.

미국식품의약청(FDA)은 EPA와 DHA가 관상동맥심장질환의 위험을 줄이는 효과가 있다고 하였으며 0.8~1g/일의 **ω**-3 지방산 섭취를 권장하고 있다. 특히 유아기에는 DHA가, 성인의 경우 고혈압, 고지혈증의 증세가 있는 사람은 EPA가 강화된 제품을, 정상인의 경우는 DHA와 EPA를 비슷한 비율로 섭취하는 것이 필요하다.

2. 분류

지질을 구성분에 따라 화학적으로 분류하면 다음과 같이 단순지질, 복합지질, 유도지질이 있다.

단순지질

지방산과 알코올의 에스테르 결합물로 중성지방과 왁스(wax)가 있다. 중성지방 중 식물성 지질을 기름(oil ; 油), 동물성 지질을 지방(fat ; 脂)이라 하며 이를 총칭하여 유지(油脂)라 한다.

복합지질

지방산과 알코올 이외의 다른 성분이 결합된 것으로 인지질, 당지질 및 지단백이 있다.

유도지질

단순지질이나 복합지질이 가수분해되어 생성된 것을 말하며 지방산, 콜레스테롤, 에르고스테롤, 지용성 비타민 등이 있다.

1) 중성지방

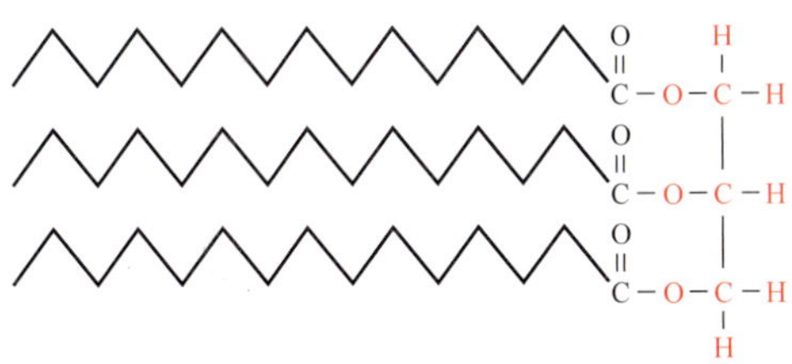

그림 4-5 중성지방의 구조

중성지방은 식품이나 체지방의 대부분을 차지하며, 글리세롤 1분자에 지방산 3분자가 결합한 것으로 트리글리세리드(triglyceride ; TG)라고도 한다. 글리세롤 1분자에 지방산 1분자가 결합한 것은 모노글리세리드(monoglyceride ; MG), 지방산 2분자가 결합한 것은 디글리세리드(diglyceride ; DG)라 한다. DG나 MG는 TG가 소화되는 과정에서 생성된다. 대부분의 TG는 포화지방산 2개와 1개의 불포화지방산이 결합되어 있다.

2) 복합지질

(1) 인지질

인지질은 글리세롤에 2분자의 지방산, 인산 및 콜린으로 구성되어 있다. 지방산 부분이 물을 싫어하는 소수성이지만, 인산과 단백질 부분이 친수성이어서 물과 기름을 섞는 유화작용을 한다. 물과 지질에 인지질이 들어가면 지방은 인지질의 안쪽으로, 친수기인 인산과 염기부분은 바깥쪽으로 정렬하여 작은 지방구를 형성하고 물에 잘 섞이게 한다. 이처럼 지단백을 형성하여 지질의 운반을 쉽게 한다.

인지질은 주로 동물의 뇌, 간, 심장, 신장조직의 세포막에 많이 들어 있고 식품 중에는 난황과 대두에 많이 함유되어 있다. 대표적인 인지질로 레시틴(lecithin), 세팔린(cephalin), 스핑고미엘린(sphingomyelin) 등이 있다. 레시틴은 천연유화제로 마요네즈나 캔디의 제조에 중요한 역할을 한다.

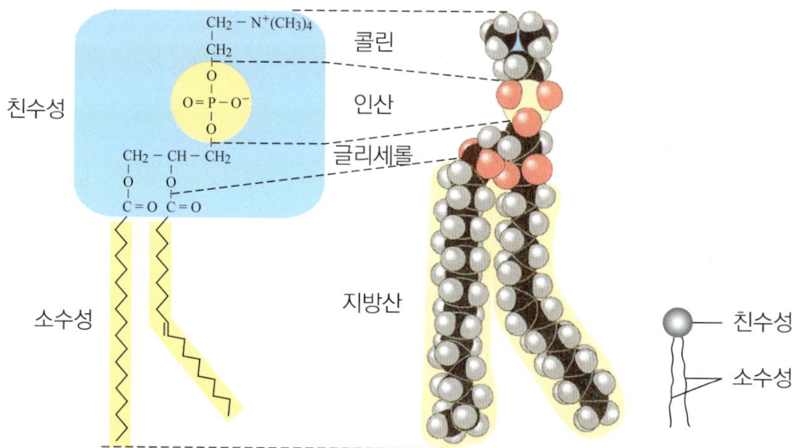

그림 4-6 인지질의 구조

지질의 유화

유화(emulsion)란 물과 기름이 분리되지 않도록 기름의 경계면에 유화제가 들어가서 기름을 잘게 나누어 미립자로 만드는 것을 말한다. 유화제는 친수기와 소수기를 동시에 갖고 있어서 물과 기름을 섞어 유화액을 만든다. 대표적 유화제인 비누나 레시틴은 기름을 물에 분산시키는 작용을 한다. 마요네즈는 달걀 노른자에 있는 레시틴의 유화작용을 이용하여 만든 것이다.

유화액의 종류는 수중유적형(O/W)과 유중수적형(W/O)이 있다.

O/W형 : 우유, 마요네즈, 생크림

W/O형 : 버터, 마가린

마요네즈는 영구적 유화액이지만 프렌치드레싱은 일시적 유화액이다. 또한 우유, 달걀 노른자 등은 자연유화액이며 마요네즈는 인공유화액이다.

(2) 당지질

당지질은 식물성에서는 발견되지 않으며 동물의 뇌, 신경, 비장 등에서 발견된다. 인지질과 구조가 비슷하나 글리세롤 대신에 스핑고신(sphingosine)을 함유하고 있다. 영유아의 뇌와 신경의 주성분인 세레브로시드(cerebroside)는 스핑고신, 지방산 및 갈락토오스가 결합되어 있다.

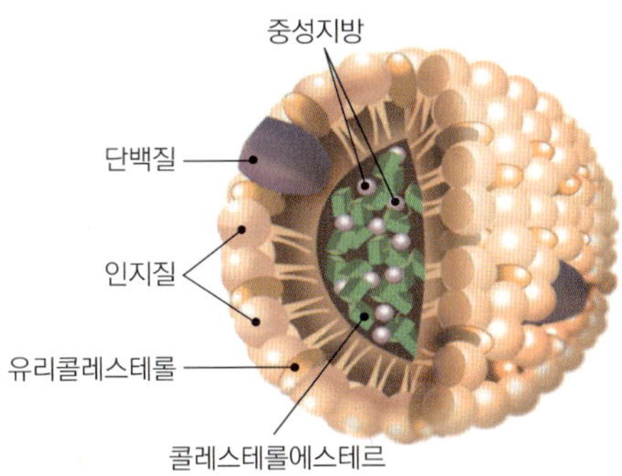

그림 4-7 지단백의 구조

(3) 지단백

지단백은 콜레스테롤, 중성지방 등의 불용성지질을 그 주위에 수용성인 인지질과 단백질이 둘러싼 복합단백질로 되어 있다.

지질이 혈액을 따라 운반되려면 지단백과 같은 수송체계가 필요하다.

3) 유도지질

(1) 콜레스테롤

콜레스테롤은 인지질과 함께 세포막과 뇌조직의 주성분으로 신경조직, 뇌, 간, 신장에 특히 다량 함유되어 있으며 동물성 식품에만 존재한다.

콜레스테롤은 지질의 유화에 중요한 역할을 하는 담즙산의 주성분이며, 비타민 D, 성호르몬 및 부신피질호르몬의 전구체이다.

식품섭취를 통한 콜레스테롤보다 더 많은 양의 콜레스테롤이 체내에서 생합성된다. 체내에서 생합성되거나 식품을 통하여 섭취한 콜레스테롤은 간에서 담즙산을 합성하고 장으로 배설된다.

혈청 콜레스테롤의 농도가 지나치게 높아지면 신진대사를 방해하고 세포의 활력이 감퇴되어 노화가 촉진된다. 혈액 중의 콜레스테롤 농도는 식사 중의 콜레스테롤 함량뿐만 아니라 지방산의 포화도에 의해 영향을 받는데 포화지방산은 혈액 중 콜레스테롤 농도를 상승시키는 요인이다.

좋은 콜레스테롤과 나쁜 콜레스테롤

LDL-콜레스테롤

지단백질 중에서 콜레스테롤 함량이 가장 높으며, 간에서 혈관으로 콜레스테롤을 운반하여 혈관에 축적시키므로 심근경색이나 중풍이 발생하게 될 확률이 높아진다.

HDL-콜레스테롤

지단백 중에서 단백질 함량이 가장 높으며, 콜레스테롤을 혈관에서 간으로 운반하는 역할을 하므로 HDL이 많아지면 혈액의 콜레스테롤을 제거하여 혈관 건강에 유익한 역할을 한다.

혈액 중 총 콜레스테롤은 LDL-콜레스테롤과 HDL-콜레스테롤 수치를 더한 값을 말한다. HDL이 풍부한 음식이 별도로 있는 것이 아니다. 포화지방을 섭취하면 LDL이 증가하고 불포화지방을 섭취하면 HDL이 증가한다. 트랜스지방산은 HDL을 낮추고 LDL을 높인다. 규칙적인 운동은 HDL을 높여준다.

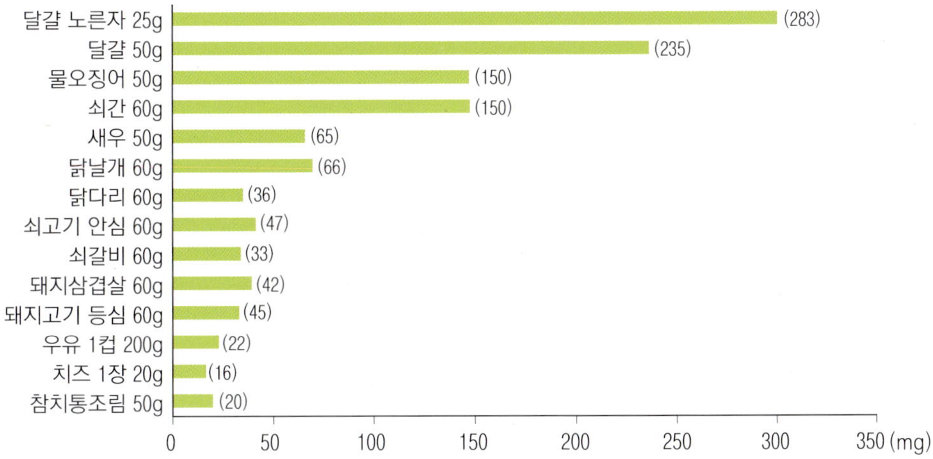

그림 4-8 식품 중의 콜레스테롤 함량

(2) 에르고스테롤

식물성 식품에 존재하는 스테롤로 효모나 표고버섯 등에 많다. 자외선에 의해 비타민 D_2로 전환되며 콜레스테롤에 비하여 흡수율이 낮다. 식물성 스테롤은 혈청 콜레스테롤 농도를 저하시키는 작용이 있다.

3. 소화와 흡수

지질이 소장으로 운반되면 담즙이 분비되어 지질을 유화시킨다. 유화된 지질은 소장벽을 통과하여 가수분해된다. 소화된 지방의 60% 정도는 림프관을 통해 혈액으로 들어가고, 나머지는 문맥을 통하여 간으로 직접 운반된다. 소화된 지방은 다시 간에서 중성지방으로 재합성되며 신체의 여러 조직으로 옮겨진다. 짧은 사슬지방산은 수용성이므로 직접 문맥을 따라 간으로 운반된다. 긴사슬 지방산은 소장 점막 내에서 중성지방을 합성하여 지단백질 형태로 림프관을 통해 혈류를 따라 근육과 지방조직으로 운반된다.

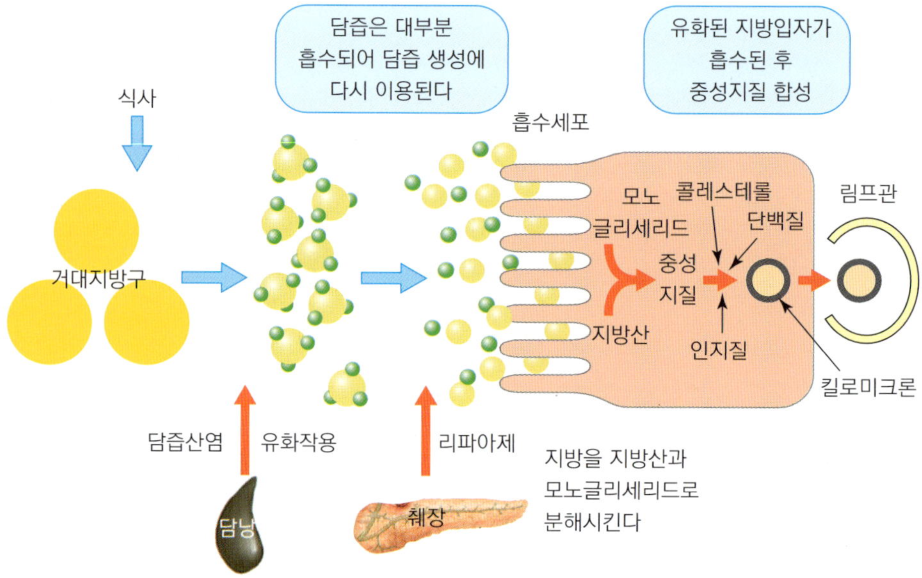

그림 4-9 지질의 소화와 흡수

4. 기능

1) 농축된 에너지 급원

지질은 효과적인 에너지원으로 9kcal/g을 지니고 있어 당질이나 단백질에 비하여 2배 이상의 에너지를 낸다. 지질의 평균 흡수율은 95% 수준이다. 체내의 순수한 지방조직은 지방이 85% 정도로 대략 7.7kcal/g의 에너지를 저장하고 있다.

2) 체 구성분

지질은 체지방조직의 구성분이며, 생체세포막, 신경보호막 및 프로스타글란딘(prostaglandin)의 구성분이다.

3) 필수지방산의 공급

지질섭취를 통하여 필수지방산인 리놀레산, 리놀렌산 및 아라키돈산을 공급받는다. EPA와 DHA는 리놀렌산으로부터 전환되어 공급받을 수도 있으나 생선으로부터 직접 섭취할 수도 있다.

4) 지용성 비타민의 흡수촉진

지용성 비타민이 흡수되기 위해서는 지질이 있어야 한다. 비타민 A의 전구체인 카로틴이 흡수될 때 지질이 충분하면 흡수율이 높아진다. 따라서 카로틴이 풍부한 당근을 먹을 때 생으로 먹는 것보다 기름에 볶아 먹는 것이 흡수율을 높이는 방법이다.

5) 단열재 역할

정상체중인 성인의 경우 체지방조직의 50%는 피하지방을 구성하고 있다. 이는 체열을 보존하는 역할을 하며, 체온을 유지하는 데 관여한다.

6) 생체기관의 보호

체지방조직의 나머지 50%는 신체장기를 둘러싸고 있어 외부로부터의 충격을 완화시켜 주며 내장기관과 장기를 보호한다.

7) 기타

지질은 음식에 독특한 질감을 주고 향미를 제공한다. 지질은 위장관을 통과하는 시간이 길어서 식후에 포만감을 주며 완하작용이 있어 분변의 배설을 돕는다.

5. 영양문제

지질이 부족하게 되면 당질이나 단백질이 지질 대신에 연소되어 체중이 감소하거나 에너지 부족으로 체력이 저하된다. 또한 필수지방산과 지용성 비타민의 결핍으로 인하여 신체에 발육저해나 피부장애 등이 발생하기도 한다. 그러나 지질은 결핍보다는 과잉섭취로 인한 문제가 훨씬 더 많다. 지질은 섭취하는 양과 종류에 따라 비만, 고지혈증, 동맥경화, 심장병, 암 등의 만성퇴행성 질환을 일으킨다.

1) 비만과 대사증후군

지질의 과잉섭취는 비만을 유발하며 피하와 내장에 지방을 축적시킨다. 내장지방은 피하지방처럼 겉으로 보이지는 않지만 장기 사이에 쌓여 건강을 위협한다. 복부비만은 대사증후군의 위험인자이다. 대사증후군은 비만과 더불어 고혈압, 당뇨, 고중성지방혈증과 HDL-콜레스테롤의 감소 등 성인병 유발인자가 동시에 3가지 이상 나타나는 경우를 말한다. 우리나라 성인 4명 중 1명이 대사증후군에 해당한다. 복부비만인 경우 인슐린이 충분하여도 세포 속으로 포도당을 보내지 못하는 인슐린 저항성이 나타난다. 그 결과 인슐린 수치가 상승하게 되어 혈관세포를 증식시키고 혈관벽이 두꺼워져 혈압이 올라간다. 당의 이용이 저하되고 지방분해를 촉진하여 고지혈증을 유발한다. 신장에서는 나트륨을 배설시키지 못하여 수분 축적으로 혈압이 상승한다. 요산 농도가 높아져서 통풍이 유발되며 혈전이 생기기도 한다.

대사증후군을 예방하기 위해서는 인슐린 저항성이 생기지 않도록 해야 한다. 이를 위해 비만을 유발시키는 생활방식을 교정해야 한다. 한국인은 유전적으로 중성지방을 처리하는 능력이 서양인에 비하여 떨어진다. 체중감량과 고지혈증의 치료를 위한 무지방 식사는 도움이 되지 않는다. 체중감량과 공복감 해소를 위해서는 에너지 섭취의 조절과 적당량의 지질 섭취 및 운동이 필수적이다.

대사증후군의 진단기준

- 허리둘레 : 남자 90㎝ 이상, 여자 85㎝ 이상
- 혈압 : 130/85mmHg 이상
- HDL-콜레스테롤 : 남자 40㎎/100mL, 여자 50㎎/100mL 미만
- 중성지방 : 150㎎/100mL 이상
- 공복 시 혈당 : 110㎎/100mL 이상 또는 당뇨병이 있는 경우

2) 고지혈증과 관상심장질환

고지방식은 혈중 중성지방과 콜레스테롤 농도를 높여 고지혈증을 유발한다. 특히 콜레스테롤은 동맥벽에 축적되어 플라그(plague)를 형성하고 혈관벽이 탄력을 잃어 동맥경화를 유발한다. 이러한 현상이 관상동맥에서 일어나면 심장질환의 위험을 상승시키며, 뇌혈관에서 일어나면 뇌졸중을 유발하게 된다.

심장마비나 뇌출혈은 혈관벽이 상당히 좁아질 때까지 아무런 증상이 없다가 갑자기 일어나므로 평상시 고지혈증을 미리 진단하여야 한다. 고지혈증 환자를 위한 식사지침은 다음과 같다.

- 규칙적으로 다양한 식품을 섭취한다.
- 규칙적인 운동과 식생활로 정상체중을 유지한다.
- 총에너지 섭취의 20% 정도로 지질을 섭취한다.
- 다가불포화지방산 : 단일불포화지방산 : 포화지방산의 비를 1 : 1~1.5 : 1이 되게 한다.
- 콜레스테롤은 1일 300㎎ 이하로 섭취한다.
- 트랜스지방산의 섭취를 피한다.

- 설탕 등 단순당질의 섭취를 줄인다.
- 채소, 과일, 해조류를 충분히 섭취한다.
- 금연하고 과음을 삼간다.

혈중 콜레스테롤치를 상승시키는 요인

- 식이지질을 과잉섭취한 경우
- 식이 중의 다불포화지방산/포화지방산의 비율이 1 이하로 낮은 경우
- 식이섬유의 섭취가 부족한 경우

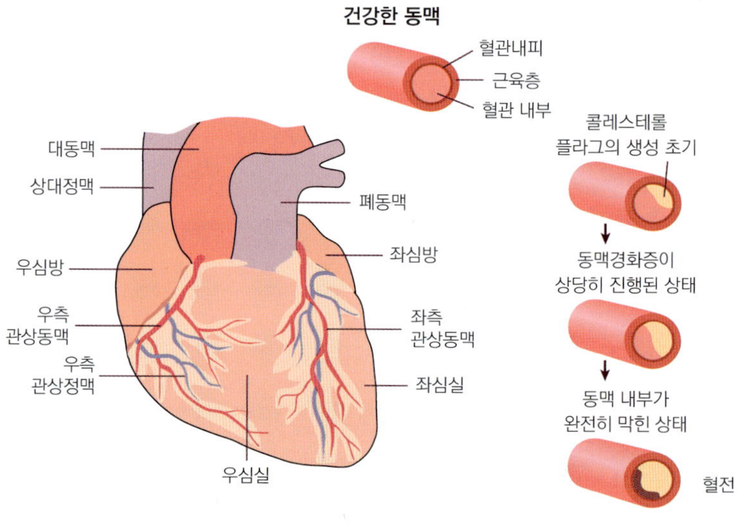

그림 4-10 관상동맥경화의 진행과정

3) 암의 촉진

고지방식은 각종 소화기계 암과 유방암 발병률에 밀접한 관계를 지니고 있다. 식사 중 지질의 섭취량이 많으면 담즙산의 분비를 유도하게 되고, 담즙산이 많이 분비되면 결장암으로 발전될 가능성이 높아진다. 동물성 지방의 섭취량이 많을수록

대장암과 유방암의 발생이 증가한다. 동물성 지방에 많은 포화지방산과 ω-6 지방산은 암발생을 촉진하나 ω-3 지방산은 암발생을 억제하는 효과가 있다.

특히, 고기를 불에 구울 때 떨어진 지방이 열분해되어서 생긴 연기는 다환방향족탄화수소(polycyclic aromatic hydrocarbons ; PAHs)로 암발생률을 높인다.

6. 영양소 섭취기준과 함유식품

1) 영양소 섭취기준

지방은 탄수화물과 단백질에 비하여 2배 이상의 에너지를 공급하기 때문에 과다하게 섭취하면 비만의 위험이 높아지며 반대로 섭취를 제한하면 상대적으로 탄수화물의 섭취가 증가하여 혈중 콜레스테롤치가 높아지게 된다. 19세 이상 성인의 에너지 적정비율은 탄수화물 : 단백질 : 지방 = 55~65% : 7~20% : 15~30%로, 2,000㎉를 섭취할 경우, 지방의 적정 섭취기준은 33~67g/일이다.

오메가-3지방산, 오메가-6지방산 중 필수지방산은 식사를 통해서만 섭취가 가능하며 심혈관계질환을 예방하는 데 도움을 준다. 미국 심장병협회는 심혈관계질환의 예방을 위하여 1주일에 1~2회 정도 어패류 섭취를 제안하고 있다.

총지방은 권장섭취량 등을 결정할 과학적 근거가 부족하여 에너지적정비율로 제시하고 있지만, 필수지방산의 섭취기준은 표 4-2와 같다.

표 4-2 19~29세 성인의 필수지방산 섭취기준

	충분섭취량		
	리놀레산(g/일)	알파-리놀렌산(g/일)	EPA+DHA(㎎/일)
남자	13	1.6	210
여자	10	1.2	150

한국과 외국의 지질 영양소 섭취기준과 지방산의 균형

구분	한국(2015)	FAO/WHO (2003)	미국(2002)	일본(2000)
지질의 에너지 적정비율	15～30%	15～30%	20～35%	20～25%
포화지방산	7% 이하	10% 이하		
다가불포화지방산		6～10%		
ω-6	4～10%	5～8%	5～10%	
ω-3	1% 내외	1～2%	0.6～1.2%	
ω-6/ω-3	4～10	5～10		4
P/M/S	1 : 1～1.5 : 1			3 : 4 : 3
콜레스테롤(㎎/일)	300 이하	300 이하	300 이하	300 이하

2) 함유식품

지질을 공급하는 식품에는 동물성과 식물성이 있다. 동물성식품에는 어육류, 우유, 달걀 등이 있고, 식물성식품에는 종자유, 가공한 마가린과 쇼트닝 등이 있다. 이들 식품의 지질 함량은 매우 다양한데 땅콩은 50% 정도, 치즈는 30% 정도의 지질이 함유되어 있다. 한편 지질은 식용유, 버터, 마가린, 베이컨, 육류의 지방 등 눈에 보이는 가시 지질과 치즈, 달걀 노른자, 초콜릿, 콩, 견과류, 식물의 종자, 올리브, 아보카도, 도넛 등의 가공식품, 생선류, 우유처럼 눈에 보이지 않는 비가시 지질이 있다.

그림 4-11 가시 지질(좌)과 비가시 지질 식품(우)

7. 지질대용품

1) 기능

체중감량에 도움이 되는 지질대용품은 최소한 2가지의 기능이 있어야 한다. 첫째, 지질의 기능적 속성으로 크림 같은 풍미나 질감이 있어야 한다. 둘째, 식품 내 칼로리와 지질함량을 낮출 수 있어야 한다. 이러한 특성을 지닌 지질대용품이 다양하게 개발되고 있다.

2) 종류

탄수화물을 이용한 지질대용품으로 식이섬유를 미세하게 갈아서 젤(gel)로 만든 오트림(Oatrim), 제트트림(Z-trim) 등이 있으며, 빙과류, 샐러드 드레싱, 가공육 등에 이용되지만 튀김에는 사용하지 못한다.

단백질을 이용한 지질대용품에는 콩, 달걀, 유장 등을 이용하여 단백질을 아주 작은 구형으로 미세하게 만들어 크림과 같은 느낌을 준다. 대표적 제품으로 심플리스(Simpless)가 있는데 무지방 아이스크림, 저지방 빵, 변형버터, 치즈, 요구르트, 드레싱, 마요네즈, 커피크림, 수프 등에 이용된다.

지질을 이용한 지질대용품은 지방산을 화학적으로 변화시켜서 9kcal/g 이하로 만든 것으로 대표적인 상품으로 올레스트라(Olestra)가 있다. 이는 지질의 고유한 관능과 온도감은 있으나 지방분해효소로 분해되지 않으므로 칼로리가 없고 지용성 비타민의 흡수까지 억제한다. 또한 'Enova oil' 같은 디글리세리드 구조를 지닌 것은 중성지방의 경로와는 다른 대사경로를 통하여 지방세포에 저장되지 않고 열로 소모된다.

그림 4-12 올레스트라가 함유된 감자칩
(일반 감자칩에 비하여 에너지는 1/2이고 지방은 0%이다.)

3) 효과와 문제점

지질대용품은 단기간에는 포만감을 주고 음식의 섭취량을 줄이는 효과와 혈청 지질과 혈압을 개선하는 효과가 있지만 장기간 섭취 시 다른 영양소와 체내 유익한 지방산의 흡수에 영향을 미치게 된다. 즉 가짜 지질을 장기간 섭취하면 인체는 궁극적으로는 진짜 지질 섭취에 대한 욕구가 증가하게 된다. 체중을 줄이기 위해서는 지질의 섭취량을 줄이거나 지질대용품을 섭취하는 것이 중요한 것이 아니라 균형있게 섭취하고 더불어 운동량을 증가시키는 것이 중요하다.

식물성 식용유와 건강

최근 건강에 대한 관심이 증가하면서 올리브유, 카놀라유, 해바라기씨유, 포도씨유, 참기름, 들기름 등 식물성 식용유의 수요가 증가하고 있다. 불포화지방산이 다량 함유되어 있어서 혈청 콜레스테롤 수치를 낮추고 심혈관계 질환의 예방에 도움이 되며 필수지방산과 토코페롤, 폴리페놀 등의 항산화 물질이 풍부하게 함유되어 있다. 그러나 식물성 식용유도 많이 섭취하면 열량이 높아서 비만을 유발할 뿐만 아니라 혈청 콜레스테롤치는 불포화수치도 증가시키므로 비만, 당뇨, 고지혈증이 있는 경우는 섭취에 유의하여야 한다. 식물성 식용유가 건강에 좋다는 것은 불포화지방산이 함유되어 있기 때문이다. 그런데 문제는 불포화도가 높으면 산패될 위험성이 높아진다는 것이다. 산패된 기름은 체내에 독성을 남기고 암을 유발하며 혈관의 노화를 촉진시킨다. 특히 외식업체는 산패된 기름을 지속적으로 사용할 가능성이 높기 때문에 그 위험도가 더 높아질 수 있다. 그러므로 어떤 기름을 먹느냐보다는 얼마나 신선한 기름을 먹느냐가 더 중요하다고 할 수 있다.

표 4-3 식물성 식용유의 종류와 특징

종류		특징
1) 카놀라유		카놀라유는 유채의 품종을 개량한 카놀라 열매에서 얻어지며 유채유라고도 한다. 독성이 있는 에루스 산(erucic acid) 함량이 높으므로 품종을 개량하여 그 함량을 2% 이하로 낮추고 올레산과 리놀렌산 비율을 높여 대두유와 비슷한 성질을 가진다. 맛이 가볍고 산뜻해서 샐러드드레싱에 많이 이용된다. 또한 발연점이 240℃나 되어서 다양한 요리에 사용할 수 있다. 특히 바삭바삭한 맛이 뛰어나 포크커틀릿, 군만두, 새우튀김 등에 잘 어울린다.
2) 들기름		들기름은 향이 매우 독특하고 필수지방산이 풍부하나 쉽게 산화되므로 반드시 냉장 보관하여야 한다. 육류를 먹을 때 찍어먹거나 나물을 무칠 때 잘 어울리며, 특히 김구이와도 잘 어울린다. 오메가-3 지방산인 리놀렌산이 풍부하여 심장병과 고지혈증을 예방한다. 들기름과 참기름을 8:2의 비율로 섞어 쓰면 오랫동안 보관할 수 있다.

3) 대두유		세계에서 생산량이 가장 많은 식용유이며 항산화제인 토코페롤 함량이 매우 높다. 발연점이 240℃로 높아서 튀김이나 부침요리에 적당하다. 맛이 담백하고 고소하며 가격도 저렴하다.
4) 옥수수유		옥수수의 배아에서 짜낸 기름으로 대두유와 성질이 비슷하다. 발연점이 높아서 쉽게 타거나 변색하지 않아 튀김 및 부침요리에 많이 이용된다. 샐러드드레싱 외에도 마가린의 원료로 많이 이용된다.
5) 포도씨유		포도씨유에는 항산화제인 비타민 E와 필수지방산인 리놀레산이 매우 풍부하게 함유되어 있다. 향이 은은해서 요리에 이용하면 음식 고유의 맛과 향을 살릴 수 있다. 볶음요리에 잘 어울리며 오븐에서 고기를 구울 때나 고기 재울 때, 튀김이나 부침, 샐러드드레싱 등에 사용하면 좋다. 발연점이 250℃로 높아서 요리 중 쉽게 타지 않으므로 튀김, 부침, 볶음 등의 요리에 적당하다. 김에 발라 구우면 바삭바삭한 김구이를 즐길 수 있다. 산패속도가 느려서 오랫동안 두고 사용할 수 있다.
6) 해바라기 씨유		해바라기씨유는 연하고 깨끗한 맛을 지니고 있으며 식물성유 중 비타민 E가 가장 많이 함유되어 있다. 발연점이 낮아서 튀김이나 부침에 적당하지 않고 빵을 구울 때나 샐러드드레싱에 이용된다.
7) 참기름		참깨를 볶아서 유지를 활성화시킨 뒤 압착하여 만든 기름으로 특유의 강한 냄새와 고소한 맛이 난다. 불포화지방산의 비율이 높으나 천연항산화제인 세사몰이 함유되어 있어 다른 식물성 식용유에 비해 산화 안정성이 우수하다. 한국요리뿐만 아니라 중국요리, 일본요리 등에 두루 이용된다.

8) 올리브유		올리브유는 산도에 따라 질을 평가하며 엑스트라버진(extra virgin), 버진(virgin), 퓨어(pure) 올리브유로 나눌 수 있다. 최상급의 엑스트라버진은 산도 0.8% 이하로 특유의 향과 색을 가지고 있다. 발연점이 60℃ 이하로 낮고 주로 샐러드, 스파게티에 이용된다. 버진은 산도 2% 미만으로 압착법에 의해 추출되므로 향이 좋다. 퓨어는 버진올리브유와 추출법으로 정제한 올리브유를 혼합한 기름으로 경제적이지만 향이 덜 강하며 튀김이나 볶음 같은 고온조리에 이용된다. 엑스트라버진에 비해 순도는 떨어지지만 발연점이 높기 때문이다. 또한 요리의 맛도 좋게 하고 고소하며 튀긴 후에 올리브유가 요리에 흡수되어 기름이 흐르지 않고 바삭한 맛이 오랫동안 유지된다. 올레산(oleic acid)을 다량 함유하고 있어 혈액 내에서 중성지방과 콜레스테롤을 낮춰주는 작용을 한다.

식물성 식용유 보관법

식물성 식용유는 불포화지방산 함량이 높아서 산패가 빨리 일어나므로 보관에 주의하여야 한다.

- 빛은 산패를 촉진하므로 직사광선과 형광등이 닿는 곳을 피하여 보관한다.
- 고열과 고온은 식용유를 변질시키므로 가스레인지 주변이나 햇빛이 닿는 곳에 보관하지 않도록 한다.
- 사용하던 기름은 뚜껑을 꼭 닫아서 서늘하고 어두운 곳에 보관한다.
- 식용유에 불순물이 들어가면 산패가 빨리 진행되므로 사용 후 남은 기름은 여과지에 걸러서 불순물을 제거하고 다른 용기에 보관하고, 1~2번 사용한 기름은 버린다.
- 일반적으로 식용유의 유통기한은 1년~1년 반이지만, 개봉하면 산패가 빨리 진행되므로 개봉한 것은 가능하면 빨리 사용한다.

참고문헌

강명화, 박원종, 이지현, 정혜경(2005). 포도씨유, 들깨유 및 옥수수유의 급여가 흰 쥐의 체내 지질패턴 및 간조직의 지방산 조성에 미치는 영향. 한국영양학회지 38(1) : 3-10.

농촌진흥청 축산기술연구소(1999). 콜레스테롤의 새로운 탐구(축산물과 건강). 상록사.

대한비만학회 대구경북지회 편(2007). 비만치료가이드. 다이어트, 음식, 그리고 비만. 도서출판 한미의학.

민경찬, 이영남, 김현오, 김관우, 이애랑, 황금희, 이정실, 김애정, 김미옥, 박명수(2006). 기초영양학. 광문각.

박병성, 황보종, 이상진, 이영철(1994). 오메가지방산. 효일문화사.

박태선, 김은경(2006). 현대인의 생활영양. 교문사.

박혜경, 김인복, 박선희, 이혜영, 최윤주, 이순호, 이우영, 김지영, 양지연(2004). 영양표시기준 개선 및 모니터링-유지류 및 일부 과자류의 트랜스지방 모니터링-. 식품의약품 안전청연구보고서 제8-1권 : 545-551.

보건복지부(2020). 2020 한국인 영양소 섭취기준.

서정숙, 서광희, 이승교, 정현숙(2006). 영양학. 지구문화사.

아트미스 시모포로스(2003). 오메가 다이어트, 도서출판 따님.

안병수(2008). 트랜스지방. 국일미디어.

유춘화(2007). 인터넷상의 영양평가프로그램을 이용한 일부 여대생의 지방 및 지방산 섭취에 관한 연구. 한국영양학회지 40(1) : 78-88.

윤옥현, 이영순, 이경자, 최경순, 오순덕, 이정실(2012). 포인트 식사요법. 교문사.

이정실, 최경순(2007). 다이어트론 및 실습, 대왕사.

장유경, 박혜련, 변기원, 이보경, 권종숙(2006). 기초영양학. 교문사.

한국보건산업진흥원(2007). 한국식사의 만선질환 발병요인 파악과 영양감시체계를 통한 만성질환 예방에 관한 심포지엄 자료집.

한국영양학회 편집부(2010). 한국인 영양섭취기준. 한국영양학회.

한국영양학회(2016). 2015 한국인 영양섭취기준. 한국영양학회.

Chong E.W., Sinclair A.J., and Guymer R.H.(2006). Facts on fats. Clin Experiment Ophthalmol 34(5) : 464-471.

Karen Eich Drummond, and Lisa M. Brefere(2009). Nutrition for foodservice and culinary professionals. 6th ed. John Wiley & Sons, Inc.

Robert S. Lees, & Marcus Karel(1990). Omega-3 fatty acids in health and disease. Marcel Dekker, Inc.

Sareen S. Gropper, Jack L. Smith, and James L. Groff(2007). Advanced Nutrition and Human Metabolism. 4th ed. Thomson.

Shils Maurice E., Olson James A., and Shike Moshe(2005). Modern Nutrition in Health and Disease. 10th ed. Lippincott Williams & Wilkins, pp. 92-132.

MEMO

좀 더 알아보기

1. 트랜스지방이란 무엇이며, 시판되고 있는 트랜스지방이 함유된 식품을 알아보자.

2. 대체지방제품의 종류와 기능을 알아보자.

3. 지방의 조리특성을 좀 더 알아보자.

※ 해당사항에 맞는 것을 아래 box에서 고르시오.

산패, 단일불포화지방, 기름, 유화제, 다가불포화지방, 오메가-3지방산, 시스지방산, 트랜스지방산

4. 면실유가 좋은 공급원이다. ( )

5. 혈액의 응고를 감소시킨다. ( )

6. 실온에서 액체상태의 지질이다. ( )

7. 지방이 공기와 열에 의해 품질이 저하된다. ( )

8. 올리브유가 좋은 공급원이다. ( )

9. 지방구를 잘라 작은 지방산 방울로 변화시킨다. ( )

10. 불포화지방산을 가수소화하는 과정에 생성된다. ( )

※ 자신의 식행동에 대하여 O, X로 표시하시오.

식행동과 응용	
1. 버터나 마가린이 들어간 팝콘을 즐긴다.	(　　)
2. 생선이나 닭고기보다 식육을 더 많이 먹는다.	(　　)
3. 닭고기는 껍질째 먹는다.	(　　)
4. 치즈를 주 3회 이상 먹는다.	(　　)
5. 튀김음식을 주 2회 이상 먹는다.	(　　)
6. 육류의 지방을 떼어내지 않고 먹는다.	(　　)
7. 기름진 샐러드 드레싱을 자주 먹는다.	(　　)
8. 동물의 내장고기를 주 1회 이상 먹는다.	(　　)
9. 샌드위치를 만들 때 마요네즈, 버터 등을 바른다.	(　　)
10. 달걀을 1주에 4개 이상 먹는다.	(　　)
11. 조리나 제과 제조 시에 식물성 쇼트닝을 사용한다.	(　　)
12. 시판 케이크, 파이, 쿠키 등을 주 2회 이상 먹는다.	(　　)
13. 삼겹살을 주 1회 이상 먹는다.	(　　)
14. 기름진 갈비구이를 주 1회 이상 먹는다.	(　　)
15. 베이컨, 소시지 등을 주 3회 이상 먹는다.	(　　)

결과(O의 개수)

1~3개 : 지방, 포화지방, 콜레스레롤 섭취가 높지 않고 적당하다.

4~7개 : 일반 우유보다 탈지유를 이용하는 등의 방법으로 지방섭취를 줄이는 노력이 필요하다.

8~15개 : 고지방, 고포화지방, 고콜레스테롤 식사로 당장 시정이 필요하다.

제5장

에너지와 체중조절

제5장

에너지와 체중조절

우리 몸은 생명을 유지하고 활동하기 위해 끊임없이 에너지를 공급받아야 한다. 인체가 사용하는 에너지의 근원은 주로 태양으로부터 탄소동화작용으로 생성된 식물 속의 전분이다. 우리는 식품 속에 함유된 당질, 단백질, 지질로부터 필요한 에너지를 공급받아 사용한다. 이는 ATP의 형태로 에너지를 필요로 하는 모든 신체 활동에 이용된다(그림 5-1). 에너지의 측정단위로 Kilo calorie(kcal)를 이용하며, 1kcal는 1l의 물을 14.5℃에서 15.5℃로 1℃ 올리는 데 필요한 열에너지의 양을 뜻한다. 인간이 식품을 통하여 얻는 에너지는 당질 1g은 4kcal, 단백질 1g은 4kcal, 지방 1g은 9kcal 정도이다.

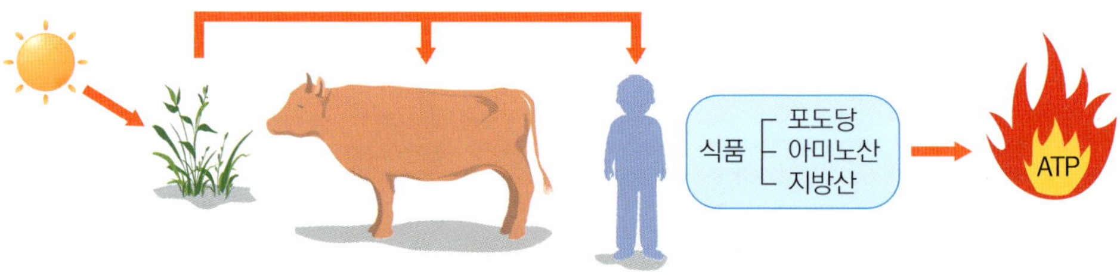

그림 5-1 자연계의 에너지 순환

1. 인체의 에너지 필요량

일반적으로 인체는 '기초대사량, 활동대사량, 식품이용을 위한 에너지 소비량'의 3가지 목적으로 에너지를 사용한다(그림 5-2).

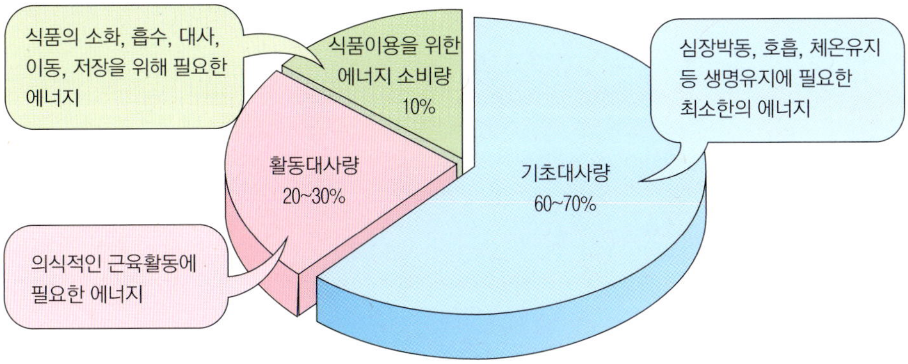

그림 5-2 인체의 에너지 필요량

1) 기초대사량(basal metabolic rate ; BMR)

기초대사량이란 생명을 유지하기 위해 필요한 활동 및 대사작용을 말한다. 인체는 체온유지, 심장박동, 두뇌활동, 혈액순환, 호흡 등에 많은 에너지를 사용하고 있다. 성인의 기초대사량은 하루에 소모되는 에너지 소비량 중 가장 큰 비중(60~70%)을 차지하는데 1,200~1,800kcal 정도이다.

(1) 기초대사량 구하는 공식

남자의 BMR/일 : 1.0kcal/kg/hr × 체중(kg) × 24시간

여자의 BMR/일 : 0.9kcal/kg/hr × 체중(kg) × 24시간

(2) 기초대사량에 영향을 주는 요인

개인의 기초대사량은 체표면적, 연령, 성별, 신체조건, 건강상태 및 환경요인 등의 영향을 받는다. 기초대사에 영향을 미치는 요인은 다음과 같다.

체표면적

기초대사량은 일반적으로 체중에 비례하며, 체중이 증가되면 기초대사량도 증가한다. 체표면적이 넓을수록 피부를 통해 발산되는 체온손실이 크므로 기초대사량이 높아진다. 같은 연령, 성별과 체중일지라도 체표면적이 다르다. 체중이 동일한

두 사람의 경우 마르고 키가 큰 사람은 뚱뚱하고 키가 작은 사람에 비하여 체표면적이 더 넓고 기초대사량도 더 높게 나타난다.

체중이 같으면 체표면적도 같을까?

그림 A와 B는 같은 체중이지만 체표면적이 다르다. A는 정사각형이 전체 26개의 면으로 이루어져 있고 B는 정사각형이 전체 22개의 면으로 이루어져 있다. 이 둘은 6개의 정육면체로 무게는 같지만 표면적은 A가 B보다 많다. 그러므로 체중이 같아도 키가 크고 마른 사람은 키가 작고 뚱뚱한 사람에 비해 기초대사량이 더 높다. 따라서 같은 식사를 하더라도 에너지 소비량이 더 많다.

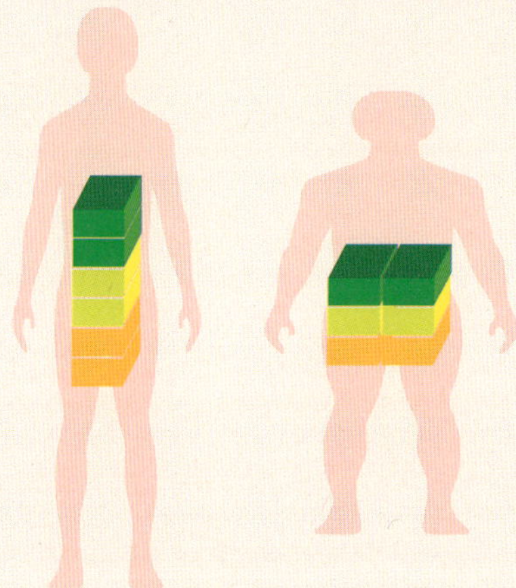
(A) (B)

연령

기초대사량은 영아기에 가장 높다. 연령에 따른 기초대사량은 유아기에서 청소년까지 증가하다가 그 이후 10년에 2~3%씩 감소한다. 그 이유는 새로운 세포가 형성되면서 근육이 증가하여 체표면적이 어른에 비하여 넓기 때문이다.

성별

같은 체중의 경우 남자가 여자보다 기초대사량이 5~10% 정도 더 높다. 그 이유는 남자의 경우 여자보다 에너지 소모가 큰 근육량이 많기 때문이다.

체조직 구성분

근육은 지방조직에 비해 기초대사를 위한 에너지 소모가 더 크다. 그러므로 같은 체중의 운동선수와 일반인을 비교할 때 근육이 잘 발달된 운동선수의 기초대사량은 일반인에 비해 더 높다.

기후

기온이 낮으면 체온을 일정하게 유지하기 위해 기초대사량이 상승한다. 따라서 동일한 지역의 사람들도 여름에 비해 겨울에는 기초대사량이 약 10% 정도 더 높다.

열대기후에서 사는 사람들의 기초대사량은 온대나 추운 기후에 사는 사람보다 5~20% 더 낮은 것으로 보고되고 있다. 따라서 총에너지 소비량이 낮아져서 열대지방에서는 비만인구가 높은 경향을 나타낸다.

건강상태

단식이나 기아상태와 같은 영양불량상태나 수면상태에서는 기초대사량이 감소한다. 이런 현상은 영양소 섭취가 지속적으로 부족한 상황에 적응하기 위해 인체가 체세포의 활동을 감소시켜 에너지 소비를 줄인 결과이다. 이런 경우, 기초대사량이 정상인의 15~50% 이하로 감소된다.

정신적인 상태

스트레스, 불안, 공포, 초조 등의 정신상태일 경우 기초대사량이 증가된다. 그러나 안정된 상태에서는 기초대사량이 낮아진다.

표 5-1 기초대사량이 높은 사람과 낮은 사람

기초대사량이 높은 사람 (마른 체형)	기초대사량이 낮은 사람 (살찌기 쉬운 체형)
키가 큰 사람 근육이 많은 사람 갑상선 기능이 항진된 사람 스트레스를 많이 받는 사람 추운 지역에서 사는 사람 카페인을 많이 섭취하는 사람	키가 작고 뚱뚱한 사람 근육이 적은 사람 갑상선 기능이 저하된 사람 단식 · 굶기를 반복하는 사람 영양실조인 사람 다이어트를 많이 반복 · 실패한 사람 하루 1~2끼 식사하며 폭식하는 사람

2) 활동대사량(physical activity)

활동대사량은 육체적인 신체활동으로 인해 소비되는 에너지 양을 말한다. 개인의 활동 정도, 일하는 시간, 운동 등에 따라 소비되는 활동대사량은 다르나 일반적으로 1일 총에너지 소비량의 약 20~30%를 차지한다. 활동대사량은 개인차가 매우 크므로 1일 총열량 소비량은 주로 활동대사량의 차이에 따라 달라진다.

3) 식품이용을 위한 에너지 소모량(thermic effect of food ; TEF)

섭취한 식품을 에너지원으로 사용하기 위해서는 소화와 흡수, 영양소 대사 등의 작용이 필요하다. 이러한 일을 하기 위해 사용되는 에너지를 식품이용을 위한 에너지 소모량이라고 한다. 이것은 물건을 구입할 때 지불하는 일종의 세금 같은 것으로 생각할 수 있다. 그 비율은 1일 총에너지의 약 10% 정도이다. 만약 하루에 약 2,000kcal의 에너지를 섭취한다면, 그중 약 200kcal는 식품이용을 위한 에너지 소모량으로 사용된다.

2. 에너지 균형

건강을 유지하는 데 있어서 에너지 균형을 이루는 것이 중요하다(그림 5-3). 여기에서 균형이란 우리 몸에 '공급되는 에너지'와 '소비되는 에너지'의 균형이며, 에너지 균형 여부에 따라 신체의 체중 변화가 일어난다. 따라서 적정체중을 유지하여 건강한 생활을 하기 위해서 에너지 섭취와 에너지 소비 사이에 균형이 이루어져야 한다. 적절한 체중의 유지는 건강유지를 위해 매우 중요하다. 지나친 체중증가나 체중저하는 성인병과 여러 질병을 일으키기 쉬우며, 결국에는 생명을 위협할 수도 있다.

그림 5-3 에너지 균형

에너지 평형상태에 따라 에너지균형, 에너지부족, 에너지과잉이 될 수 있다(그림 5-4).

1) 에너지 균형

에너지 균형은 섭취한 식품으로부터 얻는 에너지와 소모한 에너지가 균형을 이루는 것으로 체중의 변동이 없는 상태이다.

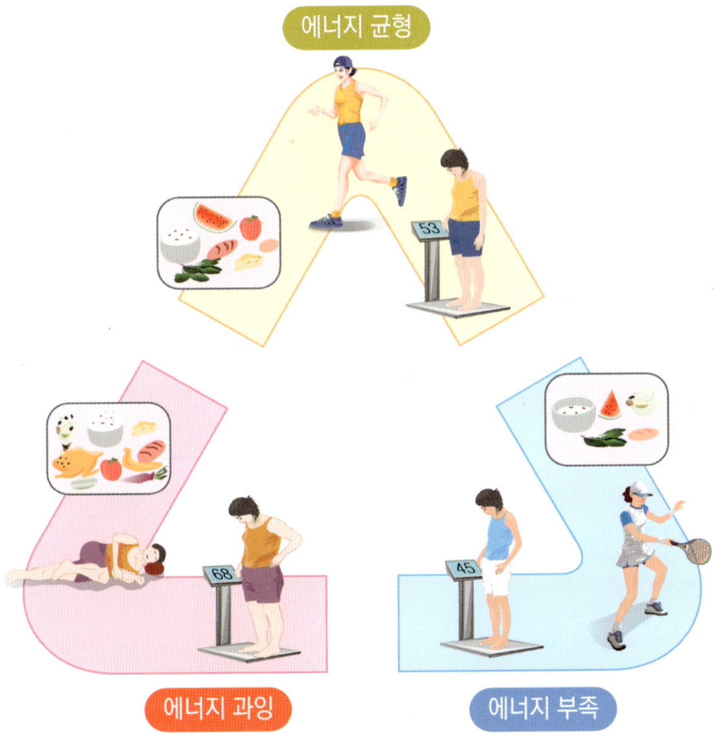

그림 5-4 에너지 평형상태

2) 에너지 부족

섭취한 에너지보다 소모한 에너지가 많은 때를 말하며, 부족한 에너지를 보충하기 위해 체지방을 분해하여 에너지로 사용하기 때문에 체중이 감소한다.

3) 에너지 과잉

섭취한 에너지가 소모한 에너지보다 많은 때를 말하며, 여분의 에너지는 체지방의 형태로 저장되어 체중이 증가한다.

3. 비만과 건강문제

1997년 세계보건기구(World Health Organization ; WHO)에서 비만을 '치료가 필요한 병'이라고 경고하였다. 전 세계적으로 비만 인구는 매우 급증하고 있으며, 5년마다 2배씩 증가하는 추세이다. 우리나라의 경우에도 성인의 비만 비율은 이미 30%를 넘어선 것으로 나타났다. 그러므로 에너지 균형을 통한 체중관리는 건강한 삶을 영위하기 위해 매우 중요하다.

1) 비만의 원인

현대사회에서 비만율이 증가하는 사회적인 원인은 과거에 비해 활동량이 줄어들고, 기호에 맞는 다양한 음식들을 저렴하고 쉽게 구할 수 있게 되었기 때문이다.

일반적으로 비만은 섭취한 에너지보다 소모한 에너지가 적을 때 나타난다. 그러나 에너지의 섭취량과 소모량은 정상인데 에너지 대사에 이상이 생겨서 비만이 될 수도 있다. 이는 내분비 계통이나 식욕중추에 이상이 있는 경우 등에 해당된다.

비만의 원인에 대한 다양한 연구와 이론들이 있다. 선천적인 유전적 요인 때문에 차이가 생긴다는 이론과 식행동과 같은 후천적이고 환경적인 요인이 더 크게 영향을 끼친다는 이론으로 나눌 수 있다. 이 두 가지 요인은 함께 고려되어야 하며 비만 관리를 위해서는 유전적 요인보다는 통제 가능한 환경적인 요인에 관심을 기울일 필요가 있다.

그림 5-5 비만의 원인

(1) 식생활 습관

식품에 대한 기호

지질은 1g당 9kcal의 에너지를 갖고 있어 당질이나 단백질에 비해 2배 이상의 열량을 낸다. 따라서 기름진 음식을 좋아하는 사람은 같은 양을 먹어도 살이 찌기 쉽다.

식사 습관

일정분량 이상을 섭취하면 포만중추를 자극하여 만복감을 느끼게 된다. 그러나 빨리 먹으면 포만중추가 자극되기 전에 과잉섭취하게 되어 비만이 되기 쉽다. 또한 식품의 열 발생 에너지는 아침에 높고 저녁에는 낮다. 그러므로 같은 음식을 같은 양 섭취하더라도 아침에 섭취하는 것보다 저녁이나 밤늦게 야식으로 먹으면 열로 소모하는 에너지가 적어 그만큼 여분의 에너지가 체지방으로 저장된다.

식사 횟수

식사를 하루에 1~2끼 정도로 한꺼번에 몰아서 먹거나 거르면 폭식하기 쉽다. 폭식을 하면 체지방 축적량이 더 많아진다.

(2) 운동 부족

연구에 따르면 비만인구가 크게 증가한 이유는 식품섭취가 늘어난 원인도 있지만, 과거에 비해 육체노동이 감소하고, 자동차 이용 등의 이유로 생활에 소요되는 신체활동량이 많이 줄었기 때문이다.

(3) 유전적 요인

통계적으로 볼 때 부모 모두가 비만인 경우 자녀가 비만이 될 확률은 약 50~70%가 된다. 반면에 부모 한쪽이 비만일 때 자녀가 비만이 될 확률은 약 40%이다. 날씬한 부모를 둔 자녀가 비만이 될 확률은 7~10% 정도이다. 따라서 비만의 원인은 유전적 요인이 크다.

그러나 유전적 요인이 크다 하더라도 유전적인 요인만으로 비만이 결정된다고 볼 수 없다. 자녀들의 식생활, 생활습관 그리고 생활환경 등이 부모의 영향을 많이 받기 때문이다. 다시 말해서 비만이 되는 식행동 습관을 본받는 경우가 많다. 연구에 따르면 비만의 원인은 유전적 요인 30%, 환경적 요인이 70% 정도로 알려져 있다. 이는 식생활, 운동, 생활습관의 개선으로 극복할 수 있다.

(4) 기초대사량 저하

나이가 들면 일반적으로 기초대사량이 감소한다. 특히 중년여성의 경우 폐경 이후에는 신체기능이 저하되면서 기초대사량이 크게 감소된다. 따라서 섭취량을 감소시키거나 운동량을 증가시켜야 체중이 유지된다. 나이가 들어서도 젊을 때와 같은 양의 식사를 하면 여분의 에너지가 체지방으로 축적되어 비만이 되기 쉽다.

(5) 내분비 및 식욕중추의 이상

내분비 이상, 갑상선 기능장애, 시상하부 장애, 뇌하수체종양, 고인슐린혈증 등으로 식욕중추에 장애가 생기면 비만이 될 가능성이 높다.

(6) 스트레스

가정과 사회의 일상생활에서 받는 스트레스와 정신적 불안 및 욕구 불만을 해소하기 위하여 식욕을 충족시키려는 사람들이 늘어나고 있다. 직장 상사나 동료와의 갈등 그리고 가정과 사회에서 받게 되는 스트레스가 과음·과식을 유발하게 되고 결국 이로 인해 에너지 섭취가 많아져서 비만해지기 쉽다.

2) 비만의 판정

비만은 신장과 체중을 이용하여 스스로 손쉽게 판정할 수 있고, 신체 구성분을 측정함으로써 비만을 판정할 수도 있다. 신체 구성분은 지방조직과 지방을 제외한 제지방조직의 두 가지 성분으로 나눌 수 있다.

(1) 체중에 의한 평가

비만을 판정할 때 가장 손쉬운 방법은 신장과 체중을 이용하는 것으로 비만도는 표 5-2와 같다.

비만에 대한 절대적 기준은 없으나 일반적으로 표준체중의 ±10% 이내를 정상, 10% 이상을 과체중, 20% 이상을 비만이라고 한다.

브로카(broca) 지수

$$비만도 = \frac{현재체중}{표준체중} \times 100$$

$$표준체중(kg) = \{신장(cm)-100\} \times 0.9$$

표 5-2 브로카 지수에 의한 비만의 분류

현재체중/표준체중 × 100	비만도
≤ 90%	저체중
91~109%	정상
110~119%	과체중
120~139%	경도비만
〉140%	고도비만

체질량지수(body mass index ; BMI)

$$BMI = \frac{체중(kg)}{신장(m)^2}$$

체질량지수는 가장 많이 사용되는 방법으로 신장과 체중을 이용하여 구한다. 체지방 및 건강 위험 정도와 상관관계가 높으며, 체질량지수에 따른 비만도의 분류는 표 5-3과 같다.

표 5-3 체질량지수에 따른 비만의 분류

체질량지수(kg/㎡)	비만도
〈18.5	저체중
18.5~22.9	정상
≥23	과체중
23~24.9	위험체중
25~29.9	경도비만
≥30	고도비만

자료 : 비만치료지침(아태평양지역 기준), 대한비만학회(2010)

(2) 체지방량에 의한 평가

비만을 정확히 진단하기 위해서는 '체지방량'의 측정이 필요하다. 체지방량을 측정하는 방법에는 피부두께측정법, 수중체중측정법, 전기저항법 등이 있다. 체중이 같은 두 사람이라도 체지방의 구성은 그림 5-6과 같이 다를 수 있다.

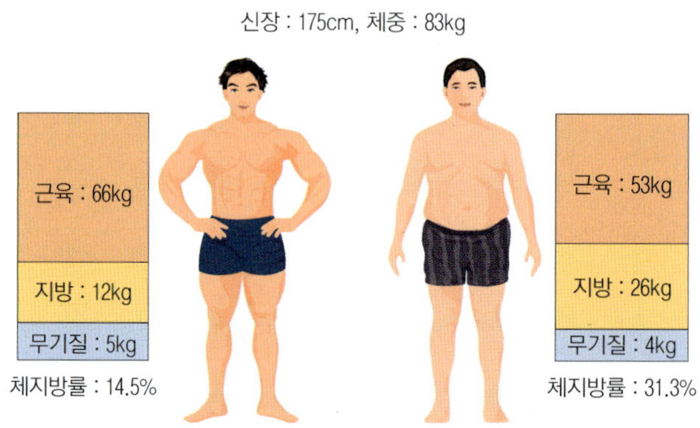

그림 5-6 같은 체중과 신장의 정상인과 비만인의 체지방률

피부두께 측정법

캘리퍼(caliper)를 사용하여 간단하게 체지방을 측정할 수 있는 방법이다. 상박, 견갑골 밑, 복부, 상완위 등을 측정한다.

전기저항 측정법

사람에게 해가 없는 미세한 전류를 4개의 전극을 통해 발과 손에 흘려준 다음 되돌아오는 저항을 측정한다.

단층촬영법(computer tomography)

X-ray를 체조직에 통과시켜 횡단영상을 보는 방법으로 내장지방형 비만증에서 진단목적으로 사용된다. 내장 특히 복강 내 장기 주위(장간막 및 문맥계)의 지방분포를 확실히 보여주는 장점이 있다.

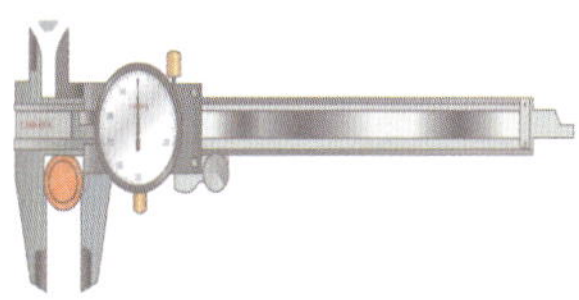

캘리퍼

전기저항측정법

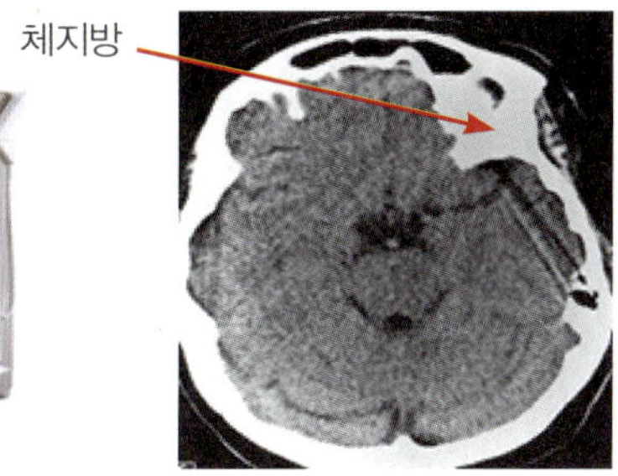

단층촬영법

그림 5-7 체지방 측정방법

(3) 체지방분포에 의한 평가

허리/엉덩이 둘레비(waist/hip ratio ; WHR)

복부비만을 평가하기 위해 허리/엉덩이 둘레비가 주로 이용된다. 체내 지방의 분포양상에 따라 상체비만과 하체비만으로 구분한다.

허리둘레

최근에는 허리둘레 자체만으로도 복부비만 평가에 유용하게 사용되고 있다. 남자는 허리둘레가 90cm, 여자는 허리둘레가 85cm 이상일 경우 질병발생의 위험이 증가하는 것으로 조사되었다.

3) 비만의 분류

지방세포 증식형 비만(소아비만)

어릴 때(4~11세) 과량의 에너지가 공급되어 지방세포의 크기와 수가 모두 증가된 경우이다. 증가된 지방세포 수는 다이어트로도 줄어들지 않으므로 소아비만은 성인비만으로 연결될 가능성이 크다. 정상인의 지방세포 수는 약 200~300억 개인데 비만인의 지방세포 수는 정상인의 약 3~5배에 달한다.

지방세포 비대형 비만(성인비만)

성인이 된 후 비만이 되는 것을 말한다. 지방세포의 수는 거의 정상이나 지방세포의 크기가 증가한 상태이다. 성인이 되어 비만이 된 경우 지방세포의 크기가 20배까지 증가할 수 있다. 지방세포의 크기만 증가한 성인비만은 다이어트 시 체중감량이 쉽고 요요현상도 적다. 그러나 성인비만의 경우 정상인보다 성인병에 걸릴 위험이 높으므로 체중조절이 필요하다.

상체비만

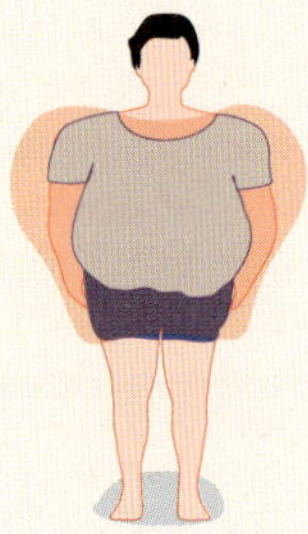

남성형(사과형)

복부나 허리에 지방이 축적된 형태로 복부비만, 남성형 비만, 사과형 비만이라고도 한다. 남성의 경우 허리/엉덩이 둘레비가 0.95 이상인 경우가 상체비만에 해당된다. 이는 지방이 복부, 내장기관 주변에 많이 침착된 상태이므로 질병에 걸릴 확률이 높다. 고혈압, 심장병, 뇌졸중, 당뇨병, 암 등과 같은 성인병의 발병 위험이 높다. 상체비만은 복부비만을 의미하며 허리둘레 기준으로 남자 90㎝ 이상, 여자는 85㎝ 이상인 경우가 이에 해당한다.

하체비만

하체형 비만, 여성형 비만, 서양배형 비만이라고도 한다. 여성의 지방은 엉덩이나 허벅지 등 하체에 많이 몰려 있으므로 여성 비만자들에게 많이 나타나는 유형이다. 여성을 기준으로 허리/엉덩이 둘레비가 0.85 이하인 경우가 하체비만에 해당한다.

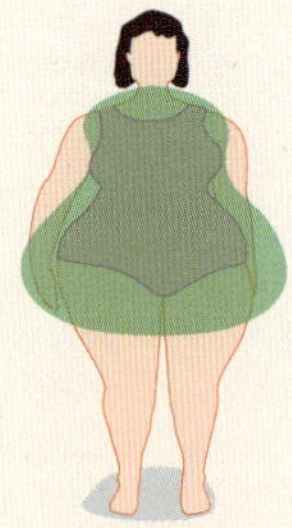

여성형(배형)

4. 섭식장애(eating disorder)

사회적으로 여성에게 지나치게 날씬한 몸매를 요구하는 풍토가 있다. 섭식장애는 심리적 장애로 인해 나타나는 비정상적인 식행동이다. 지나치게 너무 많이 먹거나 먹기를 거부하는 등의 식행동을 보인다. 그 결과 너무 먹거나 너무 굶어 비만이나 신체의 쇠약이 초래된다. 섭식장애의 예로는 신경성 식욕부진증과 신경성 탐식증을 들 수 있다.

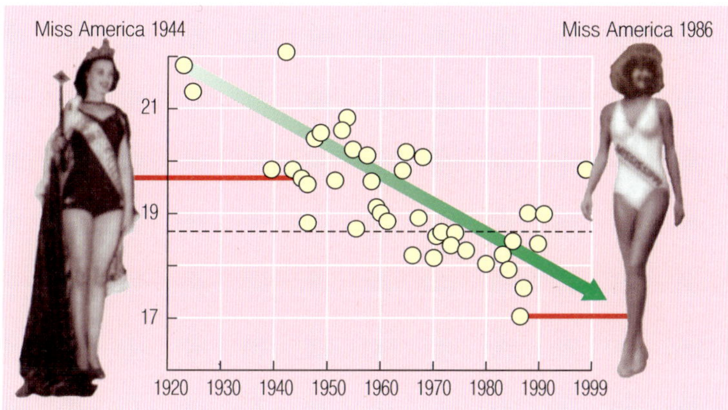

출처 : Ellie Whithey et al., Understanding Nutrition, 11th.

그림 5-8 미스 아메리카의 BMI 변화 추이

1) 신경성 식욕부진증(anorexia nervosa)

신경성 식욕부진증은 지나치게 날씬한 몸매를 요구하는 미의 기준으로 인해 왜곡된 신체상(그림 5-9)이 만들어졌기 때문에 생긴 증상이다. 체중을 감소시키고자 하는 여자들의 집착에서 비롯된 신경성 식욕부진증은 식사를 거부한다고 해서 '거식증'이라고도 한다. 다시 말해, 살찌는 것에 대한 심한 두려움 때문에 병적으로 식욕이 없거나 먹

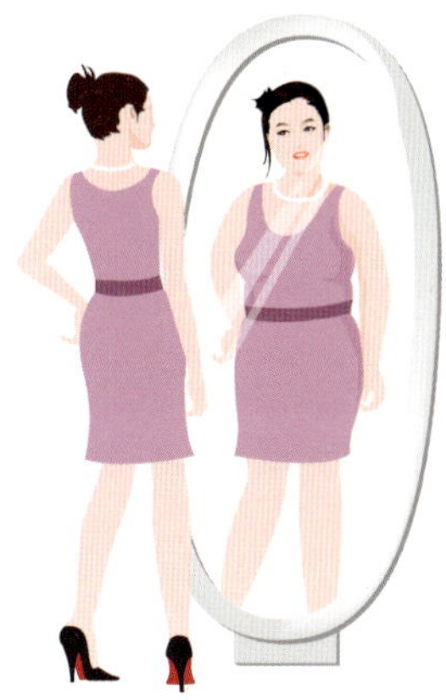

그림 5-9 거식증 환자의 왜곡된 자아상

는 것을 거부하는 병이다. 거식증 환자들은 자신이 비만이 아니라 할지라도 실제보다 더 뚱뚱하다고 느끼므로 극도로 수척해질 때까지 굶는 심리적 장애이다. 체중이 계속 감소하다가 심하면 결국 사망에 이르기도 한다. 성격이 내성적이거나 완벽주의자, 이기적·지적인 사람에게 주로 나타나는데 우울증을 동반하기도 한다.

주요 증상으로는 극심한 체중감소와 더불어 맥박수가 비정상적으로 낮아지고, 저혈압, 빈혈, 백혈구 수의 감소, 탈모증, 변비, 무월경과 같은 신체증상이 나타난다. 사망률도 5~18%나 되며, 칼슘섭취 부족, 에스트로겐 분비의 감소로 골다공증이 발생하기도 한다.

2) 신경성 탐식증(bulimia nervosa)

신경성 탐식증은 '폭식증'이라고도 한다. 신경성 식욕부진증과는 달리 무조건 음식을 거부하는 것이 아니고 남몰래 음식을 실컷 먹을 때도 있다. 주기적으로 폭식을 하고 고의로 장을 비우는 일을 교대로 반복하는 만성병이다. 폭식 후에는 후회하고 자책하면서 다시 장을 비우기 위해 인위적으로 구토를 유도한다(그림 5-10). 설사제나 이뇨제를 복용하여 먹은 것을 토하거나 배설시키기도 한다.

주로 '폭식 → 구토 → 굶기 → 폭식' 등의 과정을 반복한다(그림 5-11). 그러므로 체중변화의 폭이 10kg 이상 유동적이며, 거식증과 달리 월경은 매달 있다. 신경성 탐식증 환자는 보통 대인관계도 좋지 않고 사회생활에서 고립된 경우가 많다. 때로는 극단적인 절망감으로 자살 충동을 느끼기도 한다. 구토를 계속하므로 식도와 위장의 파열, 입, 식도염, 후두점막의 파괴, 치아 에나멜층 부식 등의 증상이 나타난다.

그림 5-10 폭식증 환자의 구토 증세

그림 5-11 폭식증 환자의 식행동 사이클

5. 비만의 치료

비만 치료의 목적은 체지방을 감소시켜 체중을 줄이고 감량된 체중을 일생 동안 유지하도록 하는 것이다. 비만의 원인이 개인마다 다르기 때문에 치료방법도 개인에 따라 달라져야 한다. 이때 비만을 적극적으로 치료하려는 본인의 의지가 가장 요구된다. 그리고 식사요법, 운동요법, 행동수정요법을 병행하여 관리하는 것이 가장 이상적이다(그림 5-12).

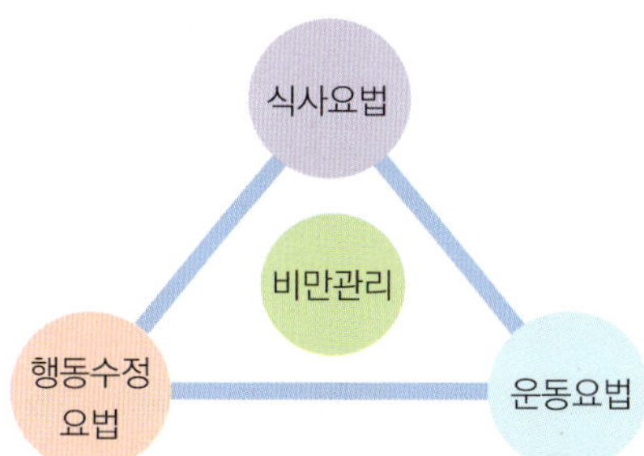

그림 5-12 비만치료의 3요소

일반적으로 체중 감량 시에 운동을 하여 에너지 소비량을 늘리기보다는 칼로리 섭취를 줄이는 식사요법에 더 큰 관심을 두게 된다. 그러나 칼로리 섭취량만을 제한하는 식사요법을 계속하면 근육의 감소로 기초대사량이 줄어든다. 결국 소비 에너지가 전체적으로 감소할 수밖에 없어 쉽게 살이 찌게 된다. 또한 근육량이 감소하여 일시적으로 체중감소효과는 있지만 요요현상이 일어나서 오히려 체중감소 이전보다 체중이 더 증가하게 된다.

1) 식사요법

- 균형 잡힌 영양 공급을 한다.
- 하루 섭취량을 1,200~1,500kcal 정도로 조절하여 일주일에 0.5kg 체중을 감소시킨다.
- 양질의 단백질을 공급한다.
- 고지방 식품을 제한한다.
- 고섬유식품을 공급하여 만복감을 주고 변비를 예방한다.
- 저지방우유, 저지방 소스, 무지방 요구르트 등을 공급한다.

2) 운동요법

운동요법은 이상적인 비만 치료의 필수적인 요소이다. 운동의 종류, 운동의 강도, 빈도 및 지속시간이 적절해야 한다. 운동은 개인의 신체적 여건에 맞아야 하며, 즐겁고 편하게 시행할 수 있어야 한다.

비만 치료를 위한 효율적인 운동의 적정운동빈도, 운동강도, 운동지속시간은 다음과 같다.

운동빈도

매일 운동하는 것이 바람직하며 일주일에 3~5회 이상 실시한다.

운동강도

운동하면서 대화를 할 수 있는 정도의 운동강도가 적당하다(최대 호흡량의 30~60%). 운동 시 노래를 부를 수 있으면 운동강도가 너무 약한 것이고, 운동 시 말도 할 수 없을 정도라면 강도가 너무 높은 것이다.

운동지속시간

최소한 30분 이상 지속해야 한다.

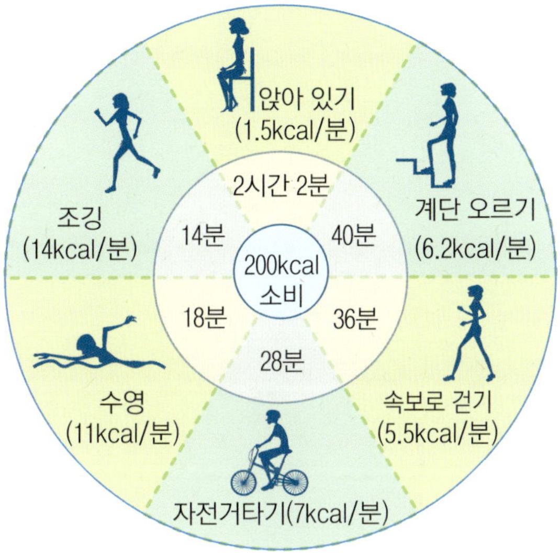

그림 5-13 운동과 에너지 소모량

운동을 병행하지 않고 식사요법만으로 비만을 치료하려면 많은 시간과 노력이 필요하며 요요현상이 일어난다. 그러나 운동을 규칙적으로 하여 생활화하면 요요현상을 막을 수 있다.

운동과 에너지 소모량은 그림 5-13과 같으며, 200kcal를 소비하려면 조깅을 14분 정도 하여야 한다.

3) 행동수정요법

행동수정은 비만해지기 쉬운 잘못된 생활양식을 수정하고 습관을 고쳐나가는 방법이다. 행동수정은 저열량식과 운동요법을 잘 실천하게 하여 체중감소를 도울 뿐 아니라, 일단 형성되면 감량된 체중을 유지하는 데 효과가 크고 요요현상도 막을 수 있다.

요요현상이란?

반복적인 체중감량 후에 원래 체중보다 더 증가한 상태를 요요현상이라 한다. 즉, 저에너지식을 섭취하면 체내 근육량이 감소하여 기초대사량이 낮아진다. 기초대사량이 낮아진 만큼 에너지가 남게 되면 체지방으로 전환되어 체중이 증가한다. 이를 요요현상이라 한다.

요요현상을 막기 위해서 저에너지식을 하는 동안 단백질을 충분히 섭취하고 근육운동과 유산소운동을 병행하여 근육의 손실을 막아 기초대사량을 일정하게 유지시켜야 한다.

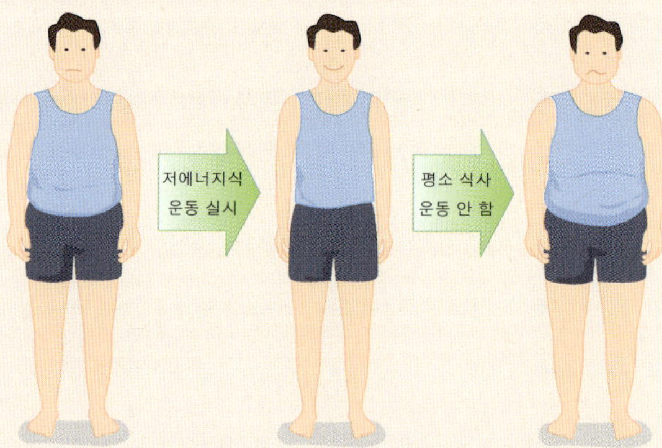

다이어트 제안

1. 1,400kcal 제안

다이어트에 있어서 이상적인 체중감량은 일주일에 0.5kg 정도 줄이는 것이다. 체중 0.5kg은 에너지 3,500kcal에 해당되는데 일주일에 0.5kg의 체중을 줄이려면 하루에 500kcal 정도의 에너지 섭취량을 감소시키면 된다.

다이어트를 하더라도 기초대사량 이하로 에너지를 섭취하면 생명유지를 위한 에너지가 부족하게 되어 에너지절약장치가 가동된다. 그래서 에너지대사과정이 느려지고 심장이 천천히 뛰게 되어 우리 몸은 에너지를 덜 쓰게 된다. 그러므로 기초대사량이 저하되면 체중을 줄이기가 더욱 어려워진다. 에너지절약장치가 가동되지 않는 최저에너지는 기초대사량의 90%이므로 이 밑으로 내려가는 것은 피해야 한다.

키 160cm 체중이 72kg인 L양의 경우 에너지절약장치가 가동되지 않고 요요현상을 일으키지 않는 최저선은 1,400kcal이다.

예 : L양(160cm, 72kg)

기초대사량 = 0.9 × 체중(kg) × 24 = 0.9 × 72 × 24 = 1,555kcal

요요현상을 일으키지 않는 최저선 = 1555 × 0.9 = 1,400kcal

2. 1,200kcal 제안

비만도가 20%일 때 시행하는 엄격한 방법이다. 키 160cm 체중이 72kg인 L양이 1,200kcal를 섭취할 경우 초기에 체중은 어느 정도까지는 빨리 저하된다. 그러나 에너지절약장치가 가동되어 기초대사율이 저하되어 체중감량이 어려워진다. 요요현상이 일어날 수 있으므로 운동을 병행해야 한다.

3. 1,000kcal 제안

단시간 내에 체중감량을 원할 때 시행하는 가장 엄격한 방법이다. 키 160cm 체중이 72kg인 L양이 1,000kcal를 섭취할 경우 체중은 빨리 저하된다. 그러나 에너지 절약장치가 가동되어 기초대사율이 저하되어 점점 더 체중감량이 어려워진다. 단백질, 비타민, 무기질 등의 영양결핍이 초래될 수 있다. 요요현상을 일으키지 않도록 운동을 병행해야 한다.

표 5-4 다이어트를 위한 저열량 식단의 예

	1,450kcal	1,210kcal	1,020kcal
아침	20kcal, 200kcal, 60kcal, 100kcal, 40kcal	60kcal, 20kcal, 30kcal, 200kcal, 60kcal	20kcal, 50kcal, 30kcal, 150kcal, 40kcal
간식	100kcal		
점심	20kcal, 150kcal, 20kcal, 10kcal, 200kcal, 60kcal	20kcal, 20kcal, 80kcal, 200kcal, 100kcal	100kcal, 50kcal, 20kcal, 150kcal, 60kcal
간식	100kcal, 80kcal (저지방 우유)	80kcal (저지방 우유)	
저녁	20kcal, 50kcal, 100kcal, 150kcal, 70kcal	30kcal, 80kcal, 20kcal, 150kcal, 60kcal	20kcal, 70kcal, 50kcal, 150kcal, 60kcal

외식의 열량가는 얼마나 될까?

표 5-5 외식음식의 영양성분표

음식(1인 분량)	열량(kcal)	탄수화물(g)	단백질(g)	지방(g)	나트륨(mg)
만둣국(700g)	434	47.8	21.4	17.4	2367.99
쇠고기육개장(700g)	340	20.8	21.9	18.8	2853.09
갈비탕(600g)	237	7.6	27.4	10.8	1717.54
곰탕(700g)	580	7.3	70.1	30.0	822.77
삼계탕(1000g)	918	40.9	115.3	32.5	1310.98
된장찌개(400g)	145	13.5	11.5	5.0	2021.01
청국장찌개(400g)	272	10.4	22.4	15.6	1794.84
비빔냉면(550g)	623	122.4	19.5	6.1	1663.87
자장면(650g)	797	133.6	19.8	20.3	2391.58
간자장(650g)	825	134.2	22.3	22.0	2716.2
짬뽕(1000g)	688	100.6	28.2	19.2	4000.09
잡채밥(650g)	885	159.5	19.5	18.8	1908.24
제육덮밥(500g)	782	115.5	30.1	22.2	1538.06
김밥(200g)	318	57.6	7.3	6.5	833.29
생선초밥(광어, 약 10개)	454	77.5	27.1	3.9	808.75
카레라이스(500g)	672	126.0	13.5	12.7	1089.16
호박죽(600g)	443	89.4	7.1	6.3	929.20
시루떡(100g)	217	47.5	5.5	0.6	277.91

출처 : 식품의약품안전청(2012). 외식영양성분자료집

참고문헌

구재옥, 임현숙, 정영진, 윤진숙, 이애랑, 이종현(2008). 이해하기 쉬운 영양학. 파워북.

김숙희, 유춘희, 김선희, 이상선, 정진은, 강명희, 김양하, 김우경(2004). 기초영양학. 신광출판사.

김순옥, 양미경, 이승자, 이정실, 조혜명, 정민호, 전해정(2003). 미용영양학. 수문사.

김화영, 김미경, 왕수경, 장남수, 신동순, 정혜경, 윤군애, 장문정, 김양하, 김혜영, 양은주, 김우경, 이현숙(2005). 영양 그리고 건강. 교문사.

대한비만학회 대구경북지회 편(2007). 비만치료가이드. 다이어트, 음식, 그리고 비만. 도서출판 한미의학.

문수재, 김혜경, 홍순명, 이경혜, 이명희, 이영미, 이경자, 안경미, 이민준, 김정연, 김정현(2008). 알기쉬운영양학. 수학사.

박태선, 김은경(2005). 현대인의 생활영양. 교문사.

보건복지부(1996). 국민영양조사결과보고서.

보건복지부(2020). 2020 한국인 영양소 섭취기준.

손숙미, 이종호, 임경숙, 조윤옥(2009). 다이어트와 체형관리. 교문사.

윤옥현, 이영순, 이경자, 최경순, 오순덕, 이정실(2012). 포인트식사요법, 교문사.

이미숙, 박영숙, 현화진, 김순경, 송은승, 이경애, 이선영, 현태선, 김희선, 윤은영(2005). 리빙 토픽 영양과 식생활. 교문사.

이정실, 최경순(2007). 다이어트론 및 실습. 대왕사.

정영진, 김성애, 손천배, 김미리, 이선영, 육홍선(2008). 식생활과 다이어트. 파워북.

최혜미(2006). 교양인을 위한 21세기 영양과 건강 이야기. 라이프사이언스.

최혜미, 김정희, 이주희, 김초일, 송경희, 장경자, 민혜선, 임경숙, 변기원, 송은승, 여의주, 이홍미, 김경원, 김희선, 김창인, 윤은영, 김현아(2006). 21세기 영양학. 교문사.

최혜미, 김정희, 장경자, 민혜선, 임경숙, 변기원, 이홍미, 김경원, 김희선, 김현아(2002). 21세기 영양학 원리. 교문사.

한국영양학회 편집부(2010). 한국인 영양섭취기준. 한국영양학회.

한국영양학회(2016). 2015 한국인 영양섭취기준. 한국영양학회.

허채옥, 권순형, 김은미, 원선임, 박용순, 박진희, 김상연, 정경아, 김은영, 박유신(2008). 기초 영양학. 수학사.

Cutler J.A., Follmann D., and Allender P.S.(1997). Randomized trials of sodium reduction. An overview. American journal of Clinical Nutrition 65 : 643-651.

Kaplan N.M.(2000). The dietary guideline for sodium : Should we shake it up? No. American Journal of Clinical Nutrition 71 : 1020.

Kleiner S.M.(1999). Water an essential but overlooked nutrients. Journal of American Diet Association 2 : 200-206.

McGuire M., & Beerman K.A.(2007). Nutritional Sciences From Fundamentals to food. Cengage Learning. [이상선, 정진은, 강명희, 신동순, 정혜경, 장문정, 김양하, 김혜영, 김우경(2008). NEW영양과학. 지구문화사].

Wardlaw G.M., & Kessel M.W.(2008). Perspectives in Nutrition. 8th ed. McGraw-Hill.

Wardlaw G.M., & Kessel M.W.(2005). Perspectives in Nutrition. 6th ed. McGraw Hill Education. [김미경, 왕수경, 신동순, 정해랑, 권오란, 배계현, 노경아, 박주연(2006). 생활 속의 영양학. 라이프사이언스].

MEMO

좀 더 알아보기

※ 다음 질문에 대하여 O, X로 답하시오.

1. 인체는 에너지를 기초대사량과 활동대사량 그리고 식품이용을 위한 에너지에 이용한다. (　　)

2. 체중과 키가 같다면 기초대사는 남녀가 같다. (　　)

3. 비만은 질병이 아니라 하나의 증상이다. (　　)

4. 비만은 섭취에너지가 소비에너지보다 높을 때만 발생한다. (　　)

5. 비만의 발생과 호르몬 분비와는 관련이 없다. (　　)

6. 캘리퍼(caliper)는 체지방량을 재는 기구이다. (　　)

7. 허리/엉덩이 둘레비로 상체비만과 하체비만을 평가할 수 있다. (　　)

8. 소아비만의 특징은 지방세포의 크기가 일반인에 비하여 크다. (　　)

9. 신경성 식욕부진증은 미의 기준에 대한 왜곡이 가장 큰 원인이다. (　　)

10. 비만의 치료에는 식사요법과 행동수정이 조절되면 운동요법은 필요하지 않다. (　　)

제6장

다량무기질
(Major minerals)

제6장

다량무기질(Major minerals)

무기질은 식품을 태우고 남는 재의 성분으로 인체의 약 4%를 차지하고 있다. 이 중 절반가량은 칼슘(Ca)이고 나머지는 인(P), 칼륨(K), 황(S) 등의 순서로 구성되어 있다. 무기질은 에너지를 생성할 수 없고 체내 여러 생리기능의 조절 및 유지에 필수적이다. 식품 속의 무기질은 일반적으로 열이나 기타 식품의 취급과정에서 파괴되지 않으나 물을 넣고 가열하면 약간의 무기질은 조리하는 물에 용해되어 손실될 수 있다.

무기질은 하루 인체에 필요한 양이나 체내분포량을 기준으로 하여 다량무기질과 미량무기질로 분류할 수 있다(그림 6-1). 일반적으로 하루 필요량이 100mg 이상이거나 체중의 0.01% 이상 분포되어 있는 무기질을 다량무기질이라 분류하고 하루 필요량이 100mg 미만이거나 체중의 0.01% 미만이면 미량무기질로 분류한다.

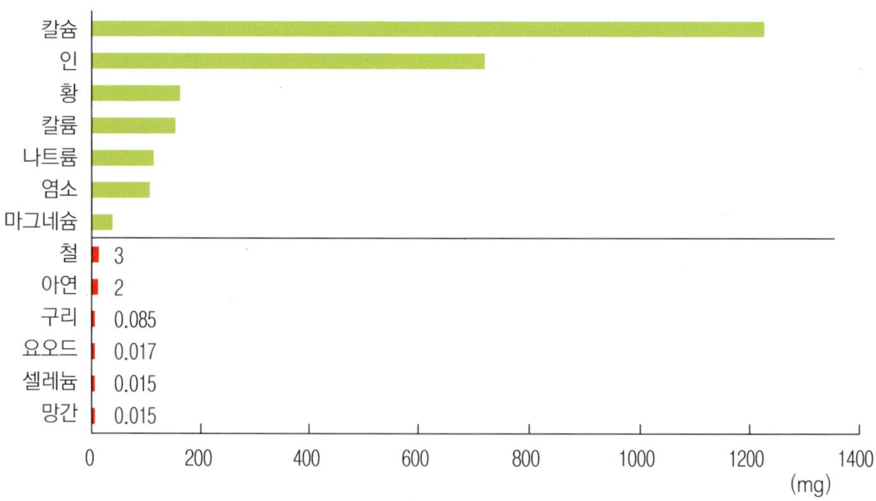

그림 6-1 다량무기질과 미량무기질의 성인 체내함량

1. 무기질의 기능

1) 체조직 구성

칼슘, 인, 마그네슘, 불소 등 많은 무기질은 주로 뼈·치아와 같은 경조직 구성에 관여하며, 아연, 구리, 망간 등은 연골·피부·뼈 주위 조직과 같은 연조직 형성에 관여한다.

2) 호르몬·효소의 구성

무기질은 인체 내 중요한 기능을 하는 호르몬, 효소 등의 구성물질로 작용한다. 예를 들어 요오드는 갑상선호르몬, 아연은 인슐린, 철은 헤모글로빈의 구성분이 된다.

3) 수분평형

수분은 삼투현상에 의해 세포막을 통과하게 되는데 이동 방향과 양은 무기질의 농도에 의해 결정되고, 이 무기질의 불균형 시 부종이나 탈수증세를 동반하게 된다.

4) 산·알칼리 평형

무기질은 체내 대사반응이 정상적으로 이루어질 수 있도록 체액의 산도나 알칼리도를 조절하여 적정 pH 7.35~7.45를 유지한다.

2. 무기질의 소화 및 흡수

식품 중의 무기질은 단일원소로 존재하므로 따로 소화과정을 거칠 필요는 없다. 다만, 소장에서 흡수되기 위해서는 식품성분으로부터 무기질을 분리하는 과정이 필요할 뿐이다. 무기질의 장내 흡수는 고섬유소식사, 피틴산, 수산, 탄닌과 흡수 시 경쟁하는 다른 무기질의 유무 등에 의해 영향을 받는다. 예를 들어 칼슘은 유당에 의해서, 철분은 비타민 C에 의해 흡수가 촉진되는 반면, 피틴산, 수산에 의해 흡수가 저해되기도 한다.

3. 칼슘(Ca)

칼슘은 인체 내에 가장 많이 존재하는 무기질로 99%가 골격과 치아에 탄산칼슘 및 인산칼슘으로 존재하며, 나머지는 연조직에 존재하여 여러 가지 생리작용을 조절하는 데 관여한다.

1) 기능

골격과 치아 구성

체내 칼슘의 99%는 골격과 치아에 존재하며, 이외에도 정상적인 무기질과 골격의 유지를 위해서는 비타민 A, 비타민 D, 비타민 K와 인, 불소, 마그네슘, 단백질 등이 필요하다. 골격은 2/3의 무기질과 1/3의 물, 단백질, 콜라겐으로 구성된다. 콜라겐이나 점질다당류와 같은 유기질에 인산칼슘이 침착되어 수산화인회석(hydroxyapatite)을 만든다. 이것은 결정형의 단단한 물질로 골격과 치아의 견고한 구조를 이루게 한다.

근육의 수축과 이완에 관여

근육에는 액틴과 미오신이라는 단백질이 존재하는데 신경자극으로 근육이 흥분되면 칼슘이 방출되면서 근육이 수축되고, 칼슘이 세포 내로 들어가면 분리되어 근육이 이완된다.

신경자극전달에 관여

신경세포에 활동전위가 도달하면 세포외액으로부터 신경세포 내로 칼슘이온의 유입이 촉진된다. 그리고 세포 내 칼슘농도가 증가하면 신경전달물질이 방출되어 신경자극이 전달된다.

혈액응고에 관여

칼슘은 출혈 시 혈소판에서 트롬보플라스틴(thromboplastin)을 방출하여 혈액응고효소인 프로트롬빈(prothrombin)을 트롬빈(thrombin)으로 활성화시킨다. 이 트롬빈에 의해 피브리노겐(fibrinogen)은 불용성 물질인 피브린(fibrin)으로 활성화되면서 혈액이 응고된다(그림 6-2).

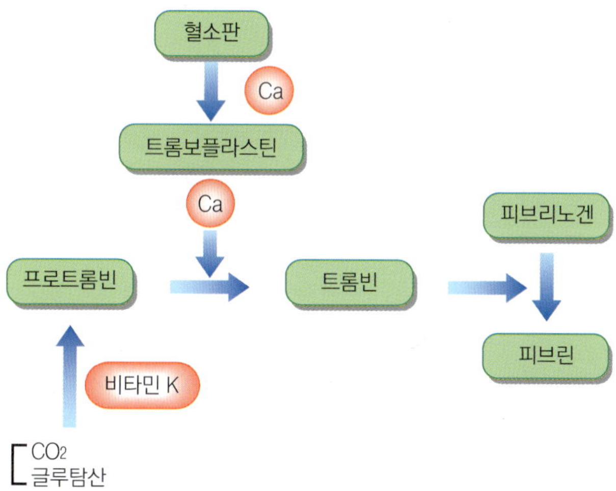

그림 6-2 혈액응고기전

2) 소화와 흡수

식사로 섭취된 칼슘의 약 30% 정도가 장을 통해 흡수되는데 칼슘의 흡수과정에는 많은 요인이 관여하여 흡수를 증가시키기도 하고 저해하기도 한다.

흡수촉진인자

칼슘은 산성용액에서 효과적으로 용해되므로 장내 pH가 산성일 때 흡수가 잘 되며, Ca : P의 비율이 1~2 : 1이 될 때나 비타민 D, 비타민 C와 유당이 존재할 때 흡수율이 증가된다.

흡수저해인자

수산염이 많이 함유된 시금치, 무청, 근대 등의 채소와 피틴산염이 많이 함유된 밀, 콩류 등을 섭취하거나 섬유질을 과량 섭취할 경우 또는 지방산이 다량 존재할 경우 칼슘의 흡수율은 떨어지게 된다.

3) 혈청 칼슘농도의 조절기전

체내 혈액 중에는 항상 9~11㎎/100mL 농도의 칼슘이 유지된다. 이는 칼슘을 조절하는 호르몬들이 소장, 뼈 및 신장에 영향을 미치면서 일정하게 유지될 수 있도록 하기 때문이다. 칼시토닌(calcitonin)과 부갑상선호르몬(parathyroid hormone ; PTH)에 의한 칼슘의 항상성 기전은 그림 6-3과 같다.

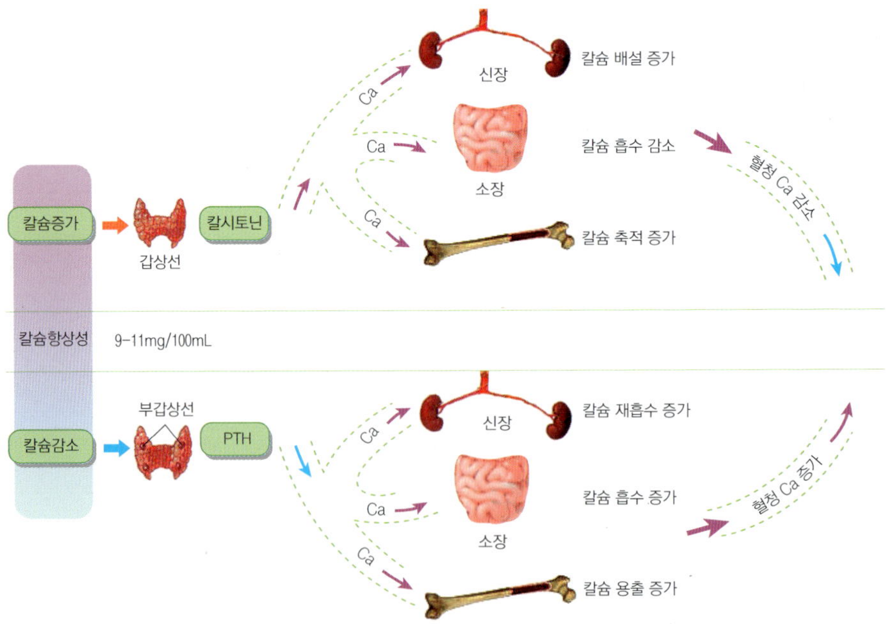

그림 6-3 칼슘의 항상성 기전

4) 영양문제

(1) 결핍증

성장저해

성장기에 칼슘이 결핍되면 성장이 저해된다.

구루병

칼슘이 결핍되면 뼈의 석회화가 잘 이루어지지 않아 뼈가 단단하지 못하게 된다. 따라서 체중을 지탱할 수 없어 다리가 휘거나 관절 부위가 굵어지는 등 뼈의 기형 현상이 나타난다.

골연화증

성인형 구루병으로 기질은 충분하나 칼슘부족으로 발생하며, 출산의 경험이 많은 여성이나 햇빛을 보지 못한 동양계 여성에게 자주 발생한다.

골다공증

뼈의 석회화 감소 외에도 뼈의 군데군데에 구멍이 뚫려 있는 증상(그림 6-4)으로 쉽게 골절되며 갱년기 여성에게 발생할 수 있다.

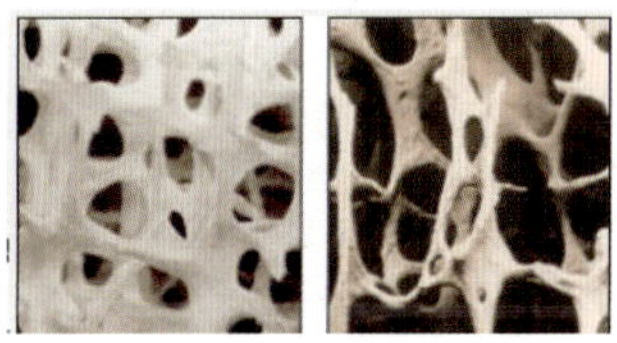

그림 6-4 정상인(왼쪽)과 골다공증환자(오른쪽)의 뼈

(2) 과잉증

고칼슘섭취 시 두통, 신장결석 등의 증세와 철, 아연과 같은 다른 무기질의 이용률을 방해할 수 있다.

5) 영양소 섭취기준과 함유식품

칼슘은 골격의 형성과 유지, 혈액응고, 근육수축 및 이완, 세포대사 등의 생명유지에 필수적인 기능을 유지한다. 그러나 한국인의 칼슘 평균 섭취량은 대부분의 연령대에서 평균 필요량에 미치지 못하므로 충분한 섭취가 필요하다. 19~29세 한국 성인의 칼슘 섭취기준은 표 6-1과 같으며 권장섭취량은 남자와 여자가 각각 800㎎/일 및 700㎎/일 수준이다.

표 6-1 19~29세 성인의 칼슘 섭취기준

	칼슘(㎎/일)		
	평균필요량	권장섭취량	상한섭취량
남자	650	800	2,500
여자	550	700	2,500

칼슘의 중요 급원식품은 그림 6-5와 같이, 우유나 유제품, 멸치 및 뼈째 먹는 생선, 배추김치, 요구르트, 달걀 등이며 특히 노인들의 경우 보충제를 섭취하는 것도 고려할 수 있다.

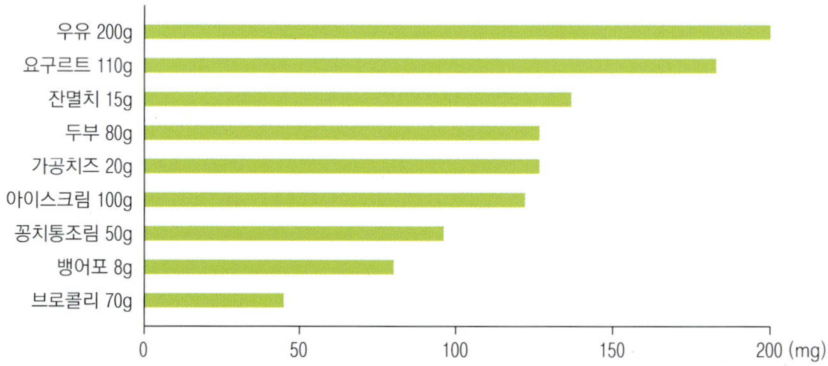

그림 6-5 식품 중의 칼슘 함량

골다공증 이야기

뼈의 구조와 골량

뼈는 단단하고 고정되어 변화하지 않는 기관으로 알고 있지만 실제로는 끊임없이 뼈를 부수고 만드는 과정을 반복하게 된다. 뼈의 내부는 해면골로서 그물모양의 스펀지 같은 망상조직으로 이루어져 있고, 외부는 치밀골로서 치밀하

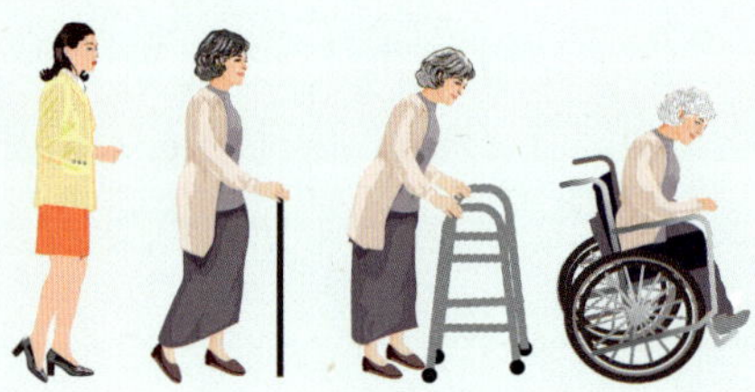

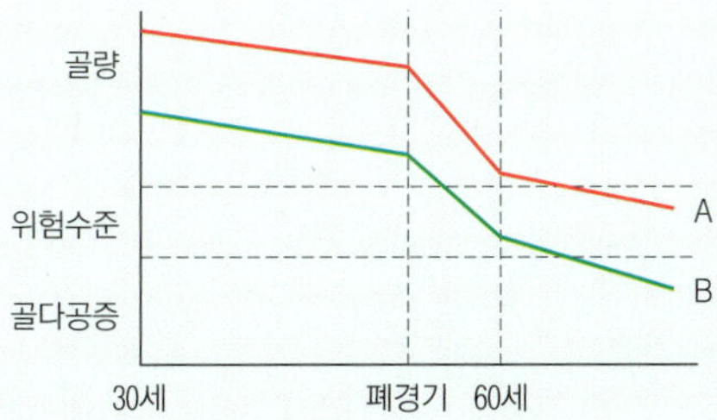

고 단단한 조직으로 구성되어 있다.

성장기의 충분한 칼슘섭취는 나중의 골량 감소에 중요한 역할을 한다. 최대 골량은 한 사람의 생애 동안 얻게 되는 가장 큰 총 뼈의 질량을 말하는 것으로 약 30세에 최대치에 다다른 후 점점 떨어지게 된다.

특히 여성은 폐경기에 이르면 난소가 에스트로겐 형성을 멈추게 되고 뼈는 칼슘을 침착하는 힘을 잃게 된다.

그래프에 의하면 A 여성은 충분한 칼슘섭취로 인해 골밀도의 감소가 덜하고 골다공증의 위험도 없지만, B 여성의 경우는 30세에 최대 골량 수준도 낮을뿐더러 폐경기 이후 심각한 골량 감소현상을 겪어 골다공증의 위험도가 높음을 알 수 있다.

조골세포와 파골세포로 이루어진 뼈

체내 뼈세포에는 조골세포와 파골세포 두 가지가 있다. 조골세포는 뼈의 유지와 성장, 재생에 필요한 많은 무기질과 단백질을 축적함으로써 뼈를 형성하는 세포이고, 파골세포는 이와 반대 기능으로 새로운 뼈를 위해 노화된 뼈를 분해하는 기능을 한다. 칼슘이 부족할 때 인체는 파골세포를 자극하여 뼈를 분해함으로써 일정한 혈중 칼슘농도를 유지하게 된다.

골다공증의 위험요소

뼈를 파괴하는 파골세포의 활동이 조골세포의 활동량을 능가하면 골질량은 감소한다. 이것은 노화현상의 일부분이며 이 과정이 진행되는 동안 골질량이 낮아 뼈의 탈석회화현상이 일어나면 골다공증이 발생하게 된다.

- 남성보다 여성이 골다공증의 발병률이 높다.
- 키가 작은 사람들이 골량의 최대치가 낮은 경향이 있으며 뼈와 관련된 질병에 걸릴 위험성이 더 크다.
- 혈중 에스트로겐 호르몬은 조골세포의 뼈 형성을 촉진하기 때문에 혈중 에스트로겐 농도가 낮은 경우 골다공증 위험이 증가된다.
- 만성알코올중독자의 경우 칼슘과 비타민 D, 단백질 등의 섭취 부족으로 뼈 건강에 좋지 못한 결과를 야기시킬 수 있다.

골다공증의 예방법

- 적당한 신체활동은 골밀도를 증가시키고 골다공증의 위험을 감소시킨다.
- 많은 영양소가 건강한 뼈의 생성을 위해 필요하기 때문에 균형잡힌 식사는 가장 중요한 골다공증 예방법이다. 특히 칼슘은 뼈의 중요한 성분으로 부족시 비정상적인 발육을 가져온다. 이외에도 단백질, 비타민 C, 비타민 D, 비타민 K 등도 뼈 형성과 보수에 중요한 역할을 한다.
- 에스트로겐 요법 : 폐경 후 골다공증 예방과 치료를 위해 가장 효과적이나 장기간 복용이 요구되며 유방암, 자궁내막암, 고혈압이나 혈관질환 환자 등은 사용을 금하므로 반드시 의사와 상의해서 결정해야 한다.

4. 인(P)

인은 칼슘, 마그네슘과 함께 골격을 구성하는 중요한 요소이며, 여러 효소의 성분으로 작용한다. 인은 자연계의 많은 식품에 함유되어 있어 섭취 부족을 염려할 필요는 없지만 칼슘과 인의 흡수 및 이용을 고려할 때 칼슘과 인의 섭취 비율은 1~2 : 1로 하는 것이 바람직하다.

1) 기능

골격 및 치아 구성

체내에 존재하는 인의 85%가 칼슘과 결합한 인산칼슘의 형태로 골격과 치아조직에 함유되어 있다. 골격조직 내의 칼슘과 인의 비율은 1~2 : 1이며 이 균형이 깨지면 뼈의 석회화가 잘 일어나지 않는다.

에너지 대사에 관여

인은 대사에너지의 저장형태인 ATP, ADP, AMP 분자의 인산 결합 형성에 사용된다.

핵산의 구성분

DNA, RNA의 구성분이 된다.

완충작용

체액의 pH를 일정하게 유지시키는 데 관여한다.

비타민 보조효소의 활성화

인은 티아민, 니아신, 피리독신과 같은 비타민이 조효소로 작용하기 위해 인산화가 될 때 구성분으로 사용된다.

기타

인지질과 지단백의 구성분이 된다.

2) 영양문제

인은 동·식물계에 널리 분포되어 있으므로 정상적인 식사를 하는 경우에는 결핍될 염려가 거의 없다. 그러나 열량대사에 필수적인 인이 부족하면 ATP 등이 합성되지 않아 근육약화, 식욕부진 등이 나타날 수 있다. 그러나 최근 탄산음료의 소비가 증가되면서 인의 과잉섭취가 초래된다. 그 결과 칼슘과 인의 균형이 깨지면서 뼈에서 칼슘이 용출되어 골격이 약화된다.

3) 영양소 섭취기준과 함유식품

우리나라 성인은 1일 600~1,500㎎의 인을 섭취하여 칼슘과 인의 비율이 1 : 1.5

수준으로 높은 편이다. 우리나라의 Ca : P의 비율은 1~2 : 1 수준을 권장하며, 1일 권장섭취량은 남녀가 모두 700㎎이다.

한국 성인의 인 섭취기준은 표 6-2와 같으며 상한섭취량은 남녀 모두 3,500㎎/일 수준이다.

인은 자연계에 널리 분포하며 육류, 가금류, 생선은 칼슘보다 인이 15~20배나 많고 달걀, 곡류, 견과류, 두류도 칼슘보다 인이 2배 정도 많다. 우유에는 100mL당 칼슘 100㎎, 인 90㎎이 함유되어 있으나, 탄산음료인 콜라에는 100mL당 칼슘 0㎎, 인 10㎎ 정도 함유되어 있어 인의 비율이 아주 높다.

표 6-2 19~29세 한국 성인의 인 섭취기준

	인(㎎/일)		
	평균필요량	권장섭취량	상한섭취량
남자	580	700	3,500
여자	580	700	3,500

5. 마그네슘(Mg)

마그네슘은 체내 존재량의 60%가 골격과 치아의 구성분으로 존재하며 나머지는 근육조직 등에 존재한다. 또한 마그네슘은 엽록소의 구성분이므로 녹색 잎채소에 많이 함유되어 있다.

1) 기능

골격 및 치아 구성

칼슘, 인과 더불어 골격 및 치아의 구성분으로 존재한다.

효소의 활성화

당질, 지질, 단백질 및 핵산대사의 여러 과정에 필요한 효소를 활성화시키는 보조인자로 작용한다.

근육 이완에 관여

칼슘과 길항작용을 하여 근육을 이완시키고 신경을 안정시키는 효과가 있어서 마취제나 항경련제의 성분으로 이용된다.

2) 영양문제

알코올 중독과 콰시오커(kwashiorkor) 등으로 마그네슘의 흡수가 불량한 경우에는 근육의 수축과 이완에 이상이 생겨 근육과 신경이 떨리는 마그네슘 테타니(tetany)현상이 나타난다. 그리고 마그네슘이 부족하면 심장발작의 위험이 있으며 장기간의 설사와 구토가 발생한다. 또한 이뇨제의 섭취는 마그네슘 결핍을 야기시킬 수 있다.

일상적인 식품을 섭취하는 건강한 사람에게는 마그네슘 독성이 나타나지 않으나 제산제를 장기간 섭취한 노인이나 신장기능이 저하된 경우는 근육약화, 메스꺼움, 불안, 혼수의 증세를 보인다.

3) 영양소 섭취기준과 함유식품

한국 성인의 마그네슘 섭취기준은 표 6-3과 같으며 19~29세 성인에서 권장섭취량이 남자 360㎎/일, 여자가 280㎎/일이고, 상한섭취량은 식품 외 급원의 마그네슘으로 남녀 모두 350㎎/일로 설정되었다.

표 6-3 19~29세 성인의 마그네슘 섭취기준

	마그네슘(㎎/일)		
	평균필요량	권장섭취량	상한섭취량
남자	300	360	350[1)]
여자	230	280	350

1) 식품 외 급원의 마그네슘에만 해당

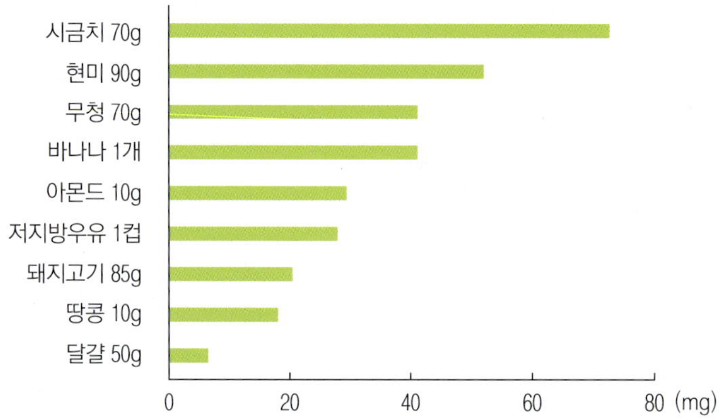

그림 6-6 식품 중의 마그네슘 함량

6. 황(S)

체내에 존재하는 대부분의 황은 일부 비타민이나 함황아미노산(메티오닌, 시스틴, 시스테인)과 같은 유기화합물의 구성분으로 존재하며 체중의 0.25%를 차지한다.

1) 기능

체조직 및 생체 내 구성분

함황아미노산의 구성분으로 손톱, 모발, 피부, 결체조직에 풍부하고 인슐린, 티아민, 비오틴 등의 구성분이다.

산화·환원반응에 관여

글루타티온(glutathione)의 구성분으로 생체 내에서 산화·환원반응에 관여한다.

산·알칼리 평형 유지

황의 이온화형태인 황산염은 체내에서 산·알칼리반응에 관여한다.

페놀류, 크레졸류 등의 해독작용

인체에 해로운 페놀류, 크레졸류 등의 물질과 결합하여 무독화시켜 소변으로 배설시킨다.

2) 영양문제

황의 결핍증이나 과잉증에 대해서는 알려진 바가 없으며 단백질 섭취가 충분하면 결핍증은 일어나지 않는다.

3) 영양소 섭취기준과 함유식품

아직까지는 황의 필요량이 결정되어 있지 않으며, 양질의 단백질이 풍부한 육류, 두류, 우유를 섭취하고 있는 한 신체가 필요로 하는 양은 충분히 공급받을 수 있다.

7. 나트륨(Na)

세포외액에 가장 많이 존재하는 양이온으로서 특히 혈장에 다량 존재하며 신경조직과 근육에도 존재한다.

1) 기능

산·알칼리 평형 유지

나트륨은 칼륨, 마그네슘, 칼슘 등과 더불어 세포외액의 알칼리도를 유지한다.

삼투압 유지

나트륨 이온의 농도에 따라 세포 내·외의 삼투압이 발생하며 이것에 의해 수분의 이동이 결정된다. 세포외액의 나트륨과 칼륨의 비율이 28 : 1, 세포 내의 나트륨과 칼륨의 비율이 1 : 10으로 유지되면 혈장 및 세포 내의 삼투압은 300mOsm/L을 나타낸다.

신경자극전달

근육의 전기화학적 자극을 전달하여 정상적인 근육의 흥분성을 유지하며 신경자극의 전달에도 관여한다.

영양소 운반

당질과 아미노산은 흡수 시 소장 점막세포를 통과하기 위해서 Na^+-K^+ pump를 이용한다. Na^+-K^+ pump는 나트륨이온을 세포 밖으로 내보내는 동시에 세포 안으로 칼륨이온을 들여보내는 기능을 가지고 있다. 이 과정에서 나트륨펌프(그림 6-7)는 ATP가 ADP와 인산으로 분해될 때 나오는 에너지를 사용하고, 세포 안에는 항상 $K^+ : Na^+ = 10 : 1$로, 세포 밖은 $K^+ : Na^+ = 1 : 28$로 유지된다.

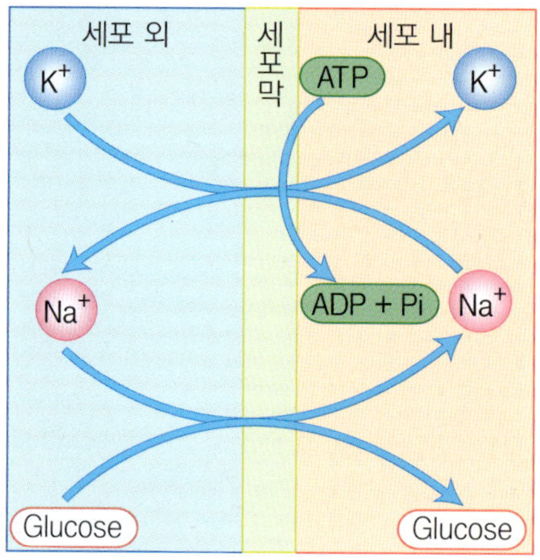

그림 6-7 Na^+-K^+ pump

2) 영양문제

대부분의 식품에 나트륨이 함유되어 있어 나트륨 결핍증은 드문 편이다. 그러나 심한 설사, 구토, 땀, 부신피질의 기능부전 등에 의해 체내 나트륨 함량이 감소하면 세포외액 중의 나트륨 함량이 감소하게 된다. 따라서 혈액량이 감소되어 혈압이 떨어지게 된다. 나트륨을 과잉섭취하면 수분평형을 조절하기 위해 혈액의 부피를 증가시켜 고혈압을 일으키고 부종을 유발한다.

3) 영양소 섭취기준과 함유식품

나트륨은 체내항상성 및 생리기능 유지에 필수적인 요소이며 2018년 한국인 나트륨 평균섭취량은 3,255㎎/일로 매우 높게 나타났다. 한국 성인의 나트륨 섭취기준은 표 6-4와 같으며 나트륨의 권장섭취량 등을 설정할 과학적 근거가 없어서 19~29세 성인을 기준으로 충분섭취량은 남녀 모두 1,500㎎/일, 만성질환 위험 감소를 위한 섭취량은 2,300㎎/일로 설정하였다.

표 6-4 19~29세 성인의 나트륨 섭취기준

	나트륨(㎎/일)	
	충분섭취량	만성질환 위험감소 섭취량
남자	1,500	2,300
여자	1,500	2,300

나트륨은 소금 이외에도 식품 가공 중에 첨가되는 발색제, 맛 또는 향미증진제, 베이킹소다 등 여러 가지에 포함되어 있으나 우리나라 사람들의 경우 소금을 통해 대부분의 나트륨을 섭취하고 있다. 2008년 국민건강영양조사에 의하면 한국인의 나트륨 섭취량은 1일 평균 5,000㎎ 정도 수준으로 이는 소금 양으로 환산하면 약 12.5g에 해당한다. 현재 우리나라는 식이관련 만성질환 예방을 위하여 남녀 모두 충분섭취량은 1,500㎎/일, 목표섭취량은 2,000㎎/일(식염으로 5g/일) 수준을 제시하고 있다.

식품을 저장, 가공할 때 소금을 첨가하므로 간장, 된장, 고추장 등의 장류와 김치, 젓갈, 장아찌 같은 염장식품, 치즈, 베이컨, 햄, 통조림 등의 가공식품에 소금이 많다. 그리고 무엇보다 '탕' 문화가 발달한 우리나라에서는 국물음식, 즉, 국이나 찌개, 국물 있는 면류를 통해 소금을 섭취하고 있다.

우리나라 사람들의 식이 나트륨의 주요 공급원을 살펴보면, 소금, 배추김치, 간장, 된장, 라면, 고추장, 총각김치, 국수, 나박김치로 나타나 장류와 김치류가 주된 나트륨의 급원이고, 가공식품 중에서는 라면이 가장 주요한 급원이 되고 있음을 알 수 있다. 소금함량이 높은 식품은 표 6-5와 같다.

표 6-5 소금 함량이 높은 식품

분 류	식품명
염장식품	젓갈류, 장아찌, 굴비 등 생선자반류
훈제식품	햄, 소시지, 베이컨, 훈제연어
인스턴트식품	라면, 즉석식품류, 통조림식품
가공식품	치즈, 버터, 마가린, 케첩
스낵류	크래커, 팝콘, 감자칩
조미료	간장, 된장, 고추장, 소스류

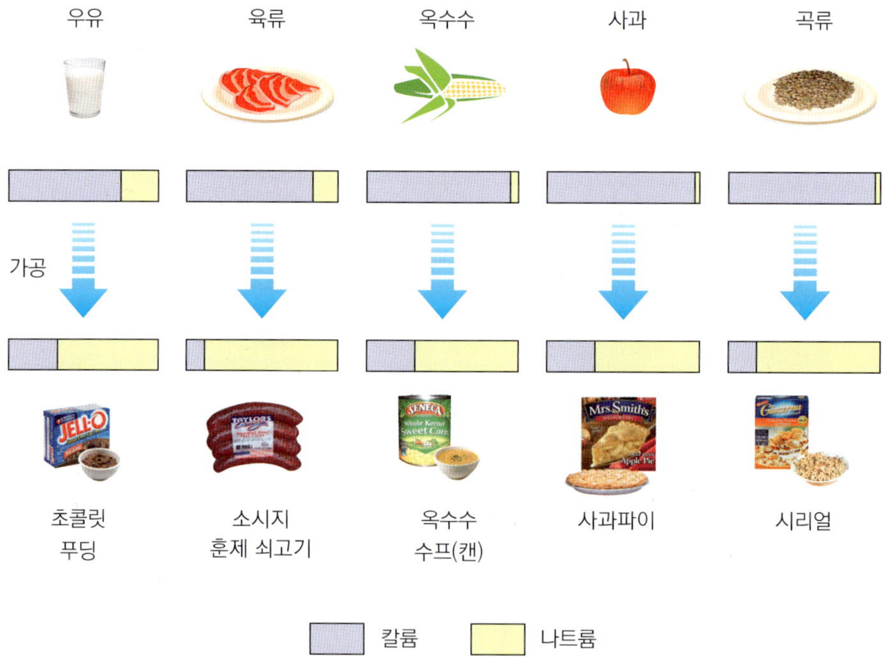

* 가공식품의 경우에는 가공과정에서 칼륨이 손실되고 나트륨이 첨가됨으로써 상대적으로 칼륨의 농도를 더 희석시키게 된다.

그림 6-8 가공에 의한 칼륨과 나트륨의 변화

나트륨 섭취를 제한해야 할 환자는?

고혈압, 급·만성 울혈성 심부전 질환, 만성 간부전에 의한 부종, 부종과 복수, 급·만성 신부전 환자, 임신중독증 등이 있을 때는 나트륨 섭취를 제한하여야 한다.

8. 염소(Cl)

염소이온은 나트륨과 더불어 세포외액에 가장 많이 존재하는 음이온이며, 위액 내 HCl로 분비된다. 또한 살균하기 위해 식수에 흔히 사용되는 강한 소독제이기도 하다.

1) 기능

수분과 삼투압 평형

염소는 나트륨, 칼륨과 더불어 체액의 삼투압 유지와 수분평형에 관여한다.

위산의 구성분

위산 구성분인 염산(HCl)의 구성분으로 살균효과가 있다.

산·알칼리 평형 유지

염소는 산 형성 물질로 산·알칼리 평형 유지에 관여한다.

신경자극의 정상화

신경자극전달을 정상화한다.

2) 영양문제

식사를 통한 소금섭취량이 많기 때문에 염소결핍증은 흔하지 않으나, 염소이온은 일반적으로 소금(NaCl) 형태로 존재하므로 염소이온의 과잉섭취 시 고혈압의 원인으로 작용하게 된다.

장기간의 구토로 인해 위액이 소실될 때 혈장 내 염소함량이 저하되어 알칼리혈증이 유발될 수도 있다.

3) 영양소 섭취기준과 함유식품

염소의 1일 충분섭취량은 2,300mg으로 결정하였다. 일반적으로 소금은 40%의 나트륨과 60%의 염소가 결합된 형태로 존재하므로 나트륨이 풍부한 모든 식품에 함께 함유되어 있다.

9. 칼륨(K)

칼슘, 인 다음으로 체내에 많이 존재하는 무기질로 칼륨의 농도가 가장 높은 조직은 근육이다. 따라서 체내 칼륨의 양을 측정함으로써 제지방함량(lean body mass)을 측정하는 지표로 삼는다.

1) 기능

수분과 전해질 평형

칼륨은 세포내액의 주된 양이온으로 세포외액의 주된 양이온인 나트륨과 함께 체액의 삼투압과 수분평형의 유지에 관여한다.

산·알칼리 평형 유지

나트륨, 수소이온과 함께 산·알칼리 평형에 관여한다.

근육의 수축과 이완에 관여

칼륨은 횡문근과 심근의 활동에 중요한 역할을 담당한다. 나트륨, 칼슘과 함께 신경, 근육의 흥분과 자극, 전기화학적 자극의 전달, 근육섬유의 수축을 조절한다. 심장의 경우 칼륨 농도가 높으면 심장근육을 이완시킨다.

당질대사

혈당이 글리코겐으로 전환될 때 글리코겐은 칼륨을 저장한다.

혈압 강하

나트륨은 혈압을 올리나 칼륨은 혈압을 떨어뜨리는 작용이 있다.

2) 영양문제

모든 식물성 식품 내에 널리 분포되어 있고 섭취한 칼륨의 90%를 소장에서 흡수하므로 섭취부족으로 인한 결핍증은 매우 드물다.

한편 신장기능이 저하된 경우 혈중 칼륨 수준이 상승하여 고칼륨혈증을 일으키게 되면 심장박동이 느려지고 빨리 치료하지 않으면 결국 심장박동이 멈추게 된다. 그러므로 신장기능이 저하된 경우 칼륨섭취에 대해 관심을 갖고 조절하는 것이 중요하다.

3) 영양소 섭취기준과 함유식품

칼륨의 1일 충분섭취량은 3,500mg이다. 모든 식물성 식품 내에 널리 분포하며 시금치 등과 같은 녹색 잎채소, 단호박, 오렌지, 바나나, 감자, 콩류 및 견과류 등의 자연식품에 많이 들어 있다.

그림 6-9 칼륨이 풍부한 식품

찐 감자를 소금에 찍어먹는 이유

감자는 칼륨이 아주 풍부한 식품이므로 체내에 나트륨과 칼륨의 균형을 맞추기 위해 설탕에 찍어먹는 것보다 소량의 소금을 넣고 조리하는 것이 영양상 궁합이 맞는다.

소금과 건강

소금은 생활에 필수 불가결한 영양소이기는 하지만, 우리나라의 경우에는 전통적으로 곡류 중심의 식사를 하면서 밥을 먹기 위해 소금이 다량 함유된 장류, 장아찌, 김치 등을 섭취하게 되었다. 이에 짠맛에 대한 선호도가 강해져 소금 섭취량이 세계적으로 높은 국가에 속하게 되었다.

소금은 40%의 나트륨(Na)과 60%의 염소(Cl)이온으로 구성되어 있고, 소금으로 섭취하는 나트륨은 우리 몸에서 수분 평형을 유지하는 데 중요한 역할을 한다. 만약 섭취하는 나트륨이 너무 적거나 혹은 과다하게 배설될 때는 체내 수분섭취량이 줄어 혈압이 떨어져 쇼크반응이 오고, 반면에 나트륨 섭취량이 너무 많거나 배설이 잘 되지 않을 때는 세포외액이 증가하면서 혈압이 상승되고 부종 등이 나타나게 된다.

1. 소금의 종류

- 천일염 : 바닷물을 염전에 끌어들여 햇빛으로 증발시켜 농축시킨 소금으로 각종 유·무기질 등이 풍부하고 채소를 간할 때, 장 담글 때, 젓갈 담글 때, 생선 간할 때 주로 사용한다.
- 꽃소금 : 천일염을 깨끗한 물에 녹여 불순물을 제거하고 다시 결정화시켜 만든 소금으로 결정이 눈꽃모양처럼 생겨 꽃소금으로 칭한다. 채소를 데치거나 채소, 과일을 세척할 때 이용하면 좋다.
- 가공소금 : 구운 소금, 볶은 소금, 맛소금, 죽염 등이 포함되고 천일염을 태우거나 녹여 원형을 변형시키거나 화학조미료 같은 식품첨가물을 넣어 가공한 소금을 칭한다.

  ① 볶은 소금과 구운 소금 : 400℃ 이하에서 만든 소금은 볶은 소금, 400℃ 이상 고온에서 만든 소금은 구운 소금이라 한다. 이들은 햇빛으로 증발시키지

못한 간수나 유해성분을 제거한 소금으로 쓴맛이 나는 간수가 제거되어 부드러운 맛이 나고 짠맛이 덜해 무침, 생채, 조림 등에 이용한다.

② 맛소금 : 천일염을 정제하여 조미료를 코팅한 다음 건조시킨 소금이다. 예를 들면 소금(염화나트륨) 90% + L-글루탐산나트륨 9.9% + 5-리보뉴클레오티드 나트륨 0.1%로 만든 소금이다. 이 구성비는 회사마다 다를 수 있다.

③ 죽염 : 대나무통에서 구운 소금으로 대나무의 유효성분과 천일염의 무기질이 합해져서 건강에 좋다. 따라서 일반적인 소금 대신에 음식을 조리할 때 사용하기도 하고 마사지, 비누, 치약 등 미용재료의 원료로 사용되기도 한다.

2. 소금과 고혈압

과잉의 식염 섭취는 혈압을 높인다. 하지만 본태성 고혈압 환자 중 소금 섭취량에 따라 혈압이 민감하게 변동하는 소금민감성과 혈압변동이 거의 없는 소금저항성 고혈압이 있다.

소금민감성 고혈압은 심혈관계 질환이나 요단백, 인슐린 저항성이 높게 나타나며, 이는 심혈관계 질병과 그로 인한 사망의 위험인자로 작용하게 된다. 따라서 혈압 조절을 위해 소금 섭취를 제한하는 것은 아주 중요한 일이다.

소금에 대한 혈압 반응은 개인별 차이가 심한데, 소금민감성 사람들은 저염에서 고염식이로 바꾸면 체중과 혈압이 민감하게 증가한다. 정상 혈압을 가진 사람도 소금민감성과 저항성으로 구분되며, 소금민감성인 사람이 저항성인 사람보다 고혈압 발생률이 높다.

3. 고혈압에 좋은 식품

검은콩, 팥 등의 두류, 두부, 브로콜리, 케일, 시금치, 근대 등의 녹색채소, 감자, 잡곡류, 단호박, 토마토, 오렌지, 귤, 바나나, 우유, 요구르트, 해조류, 견과류 등의 식물성 식품에는 칼륨이 풍부하여 혈압을 낮추는 데 도움이 된다.

4. 소금 섭취를 줄이는 방법

- 국이나 찌개 등의 국물을 적게 먹는다.
- 장아찌, 젓갈, 김치 등 지나치게 짠 음식의 섭취를 줄인다.
- 습관적으로 소금, 간장, 쌈장 등을 추가로 사용하는 습관을 버린다.
- 소금을 대체할 수 있는 천연의 조미료를 개발하거나 허브 등으로 맛을 낸다.

참고문헌

김미경, 왕수경, 신동순, 정해랑, 권오란, 배계현, 노경아, 박주연(2006). 생활 속의 영양학. 라이프사이언스.

문수재, 김혜경, 홍순명, 이경혜, 이명희, 이영미, 이경자, 안경미, 이민준, 김정연, 김정현(2008). 알기 쉬운 영양학. 수학사.

박태선, 김은경(2000). 현대인의 생활영양. 교문사.

보건복지부(2020). 2020 한국인 영양소 섭취기준.

손숙미, 이종호, 임경숙, 조윤옥(2004). 다이어트와 체형관리. 교문사.

이상선, 정진은, 강명희, 신동순, 정혜경, 장문정, 김양하, 김혜영, 김우경(2008). 영양과학. 지구문화사.

이영근, 승정자, 최미경, 이윤신(2002). 나트륨 섭취 수준이 정상 성인의 혈압과 혈압 성상에 미치는 영향. 한국영양학회지 35(7) : 754-762.

이정실, 이영남, 김을상(2001). 수유 첫 5개월간 모유 영양아의 Na와 K 섭취량에 관한 연구. 한국영양학회지 34(1) : 23-29.

최미자, 정윤정(1998). 성인여성의 식습관과 영양섭취상태와 골밀도 및 골무기질 함량과의 관계. 한국영양학회지 31(9) : 59-69.

최보영, 김선희(2001). 청소년기 여자의 칼슘과 인 평형 연구. 한국영양학회지 34 : 433-439.

최혜미, 김정희, 김초일, 송경희, 장경자, 민혜선, 임경숙, 변기원, 송은승, 송지현, 강순아, 여의주, 이홍미, 김경원, 김희선, 김창임, 남기선, 윤은영, 김현아(2000). 21세기 영양학. 교문사.

한국식품영양관련학과 교수협의회(2003). 기초영양학. 도서출판 효일.

한국영양학회 편집부(2010). 한국인 영양섭취기준. 한국영양학회.

한국영양학회(2016). 2015 한국인 영양섭취기준. 한국영양학회.

허채옥, 권순형, 김은미, 원선임, 박용순, 박진희, 김상연, 정경아, 김은영, 박유신(2008). 기초영양학. 수학사.

Ellie Whitney, and Sharon R.R.(2007). Understanding nutrition. 11th ed. Tomson Wadsworth.

Karen E.D., and Lisa M.B.(2005). Nutrition for foodservice and culinary professionals. 6th ed. Wiley.

MEMO

좀 더 알아보기

1. 골다공증을 예방하기 위한 방법에는 어떤 것이 있는지 알아보자.

2. 한국인에게 적합한 저나트륨 섭취 방안을 알아보자.

※ 다음 질문에 대하여 O, X로 답하시오.

3. 신맛이 나는 과일은 전부 산성식품이다. (   )

4. 칼슘은 혈액의 응고기전에 비타민 K가 충분하면 필요하지 않다. (   )

5. 수산염은 칼슘의 흡수를 억제한다. (   )

6. 칼슘과 인의 섭취 비율은 1 : 1 수준을 권장한다. (   )

7. 가공식품과 통조림에는 나트륨 함량이 매우 높다. (   )

8. 나트륨은 결핍보다 과잉이 우려되는 무기질이다. (   )

9. 나트륨과 칼륨은 근육의 유지와 신경전도에 관련이 있다. (   )

10. 나트륨과 칼륨은 특히 동물성 식품에 풍부하다. (   )

11. 무기질은 과잉섭취할 경우 배설되므로 독성이 없다. (   )

12. 인은 혈액응고에 관여한다. (   )

※ 다음 문제와 관련된 무기질을 골라서 쓰시오.

칼슘, 인, 마그네슘, 황, 나트륨, 칼륨, 염소

13. 뼈의 형성과 관련되어 있다. (　　　)

14. 우유나 유제품에 풍부하다. (　　　)

15. 수분평형과 산-알칼리 평형을 돕는다. (　　　)

16. 지나친 이뇨로 인하여 체내 고갈될 수 있다. (　　　)

17. 위액 중에 함유되어 있다. (　　　)

18. 바나나와 오렌지에 풍부하다. (　　　)

19. 체내 해독작용에 관여한다. (　　　)

20. 녹색 잎채소에 많이 들어 있다. (　　　)

제7장

미량무기질
(Trace minerals)

제7장

미량무기질(Trace minerals)

미량무기질은 체중의 0.01% 미만을 차지하고 있거나 하루 필요량이 100㎎ 이하인 무기질로 생명유지를 위해 필수적인 기능을 한다. 체내함량은 물론 식품 내 함유량도 낮으나 미량무기질의 결핍은 생리적인 기능과 구조의 이상을 초래하므로 적절한 수준의 섭취가 필요하다.

1. 철(Fe)

철은 성인의 체내에 약 3~4g 존재하는 미량 영양소이다. 체내 철은 혈액에 60%, 나머지는 간장과 비장 및 골수에 존재하며, 저장철은 페리틴(ferritin)과 헤모시데린(hemosiderin)의 형태로 존재한다. 식이 내의 철은 주로 헴철(heme iron)과 비헴철(non-heme iron)의 형태로 존재하며, 이 두 형태에 따라 철의 흡수율이 다르다.

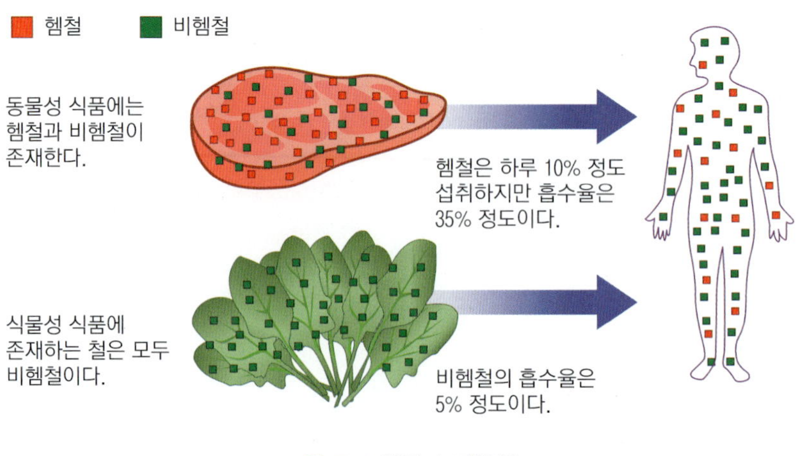

그림 7-1 헴철과 비헴철

1) 기능

산소의 운반과 저장

체내에 존재하는 철의 약 70%는 적혈구에서 헤모글로빈(hemoglobin)의 헴 성분(그림 7-2)을 형성하는 데 사용되고 약 5%는 근육의 미오글로빈(myoglobin) 성분으로 존재한다. 나머지 20%는 간, 지라, 골수에서 페리틴 형태로 저장되어 있고, 나머지 5% 정도는 산화효소의 구성분으로 분포한다.

헤모글로빈을 구성하는 철은 폐로 들어온 산소를 각 조직의 세포로 운반하고, 세포에서 생성되는 이산화탄소를 폐로 운반하여 방출한다. 미오글로빈은 근육조직 내에서 산소를 일시적으로 저장하는 역할을 한다.

효소의 보조인자

철은 시토크롬계 효소, 과산화수소분해효소, 과산화효소 등의 보조인자로 작용한다.

기타

면역기능을 정상적으로 유지한다.

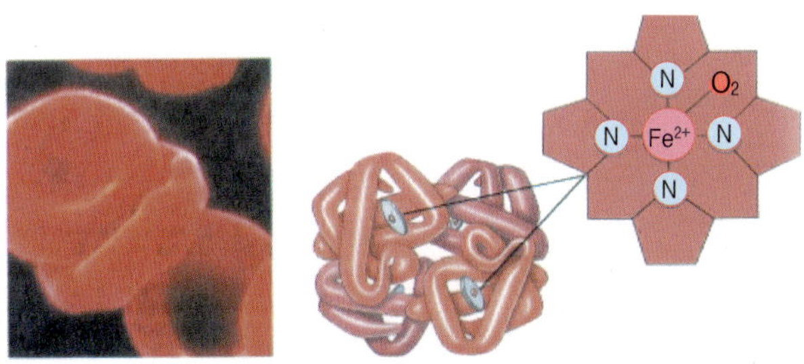

그림 7-2 적혈구와 헴의 구조

2) 흡수와 대사

흡수

일반식품 중 철의 흡수율은 10~30% 수준으로 흡수율이 낮은 편이다. 그러나 철의 흡수율은 철분의 영양상태나 섭취하는 음식물의 종류에 따라서도 달라진다. 철의 흡수율에 영향을 주는 인자는 다음 표 7-1과 같다.

표 7-1 철 흡수율에 영향을 주는 인자

철 흡수 증진인자	철 흡수 방해인자
헴철	피틴산, 수산
철결핍증이 있는 경우	차의 탄닌
비타민 C	체내 저장량이 충분한 경우
육류, 어류, 가금류	위산분비 저하 시
위산	감염 및 위장 질환

대사

간장, 비장 및 골수에 저장되며, 저장철은 90%가 여러 번 재이용된다.

3) 영양문제

철이 결핍되는 경우 흔히 철결핍성 빈혈이 발생한다. 특히 성장기이면서 월경을 통하여 철의 손실이 있는 사춘기 소녀와 임신부 및 영아들은 빈혈에 가장 취약한 편이다. 한편 철보충제의 과잉섭취 시 가장 흔한 증세로 변비가 나타날 수 있으며 구역질, 구토, 설사, 현기증, 심장박동의 증가, 의식장애 등도 나타날 수 있다. 아이들의 경우 섭취 후 몇 시간 내에 사망에 이를 수도 있으므로 철독성이 의심될 경우 즉각적인 치료가 필요하다.

4) 영양소 섭취기준과 함유식품

철은 영양소 중에서 유일하게 여성의 섭취기준이 남성의 섭취기준보다 높다. 한국 성인의 철 섭취기준은 표 7-2와 같으며 19~29세 성인의 권장섭취량이 남자 10㎎/일, 여자 14㎎/일이고 상한섭취량은 남녀 모두 45㎎/일 수준이다.

표 7-2 19~29세 성인의 철 섭취기준

	철(㎎/일)		
	평균필요량	권장섭취량	상한섭취량
남자	8	10	45
여자	11	14	45

철의 가장 좋은 급원식품으로는 헴철인 육류, 간, 어패류 등을 들 수 있다. 곡류 및 두류, 녹색 채소 등은 철의 함량이 높지만 식물성 식품의 철은 비헴철로 흡수율이 낮으므로 비타민 C가 풍부한 과일과 함께 섭취하는 것이 좋다. 철함량이 높은 식품은 그림 7-3과 같다.

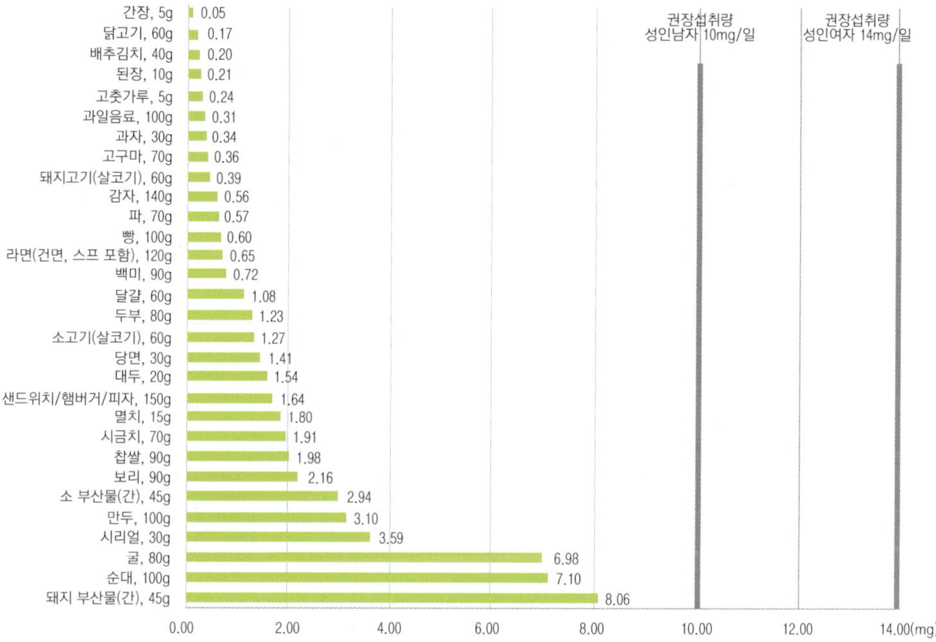

그림 7-3 철의 주요 급원식품(1회 분량당 함량)[1)]

1) 2017년 국민건강영양조사의 식품별 섭취량과 식품별 철 함량(국가표준식품성분표) 자료를 활용하여 철 주요 급원식품 상위 30위 산출 후 1회 분량(2015 한국인 영양소 1일 섭취기준)을 적용하여 1회 분량당 함량 산출, 19~29세 성인 권장섭취량 기준(2020 한국인 영양소 섭취기준)과 비교

선짓국에는 우거지를…

철은 동물의 간, 살코기, 콩, 달걀, 녹색 채소 등에 들어 있다. 동물 혈액에는 철 함유량이 많기 때문에 선짓국이야말로 빈혈인 사람에게는 가장 훌륭한 식품이다. 철이 많은 선지를 다량 섭취하면 변비증세가 나타날 수 있다. 그러므로 선짓국을 끓일 때 식이섬유가 풍부한 우거지, 무, 콩나물 등의 채소를 많이 넣으면 변비 예방에 효과적이다. 카로틴과 엽록소가 있어 조혈작용을 촉진하며 세포부활작용, 지혈작용, 말초혈관 확장작용, 항알레르기작용 등 중요한 생리작용을 돕는다.

2. 아연(Zn)

아연의 결핍증은 1960년대 초 왜소증이나 성적 발달이 늦은 증세 등을 보이는 중동지역의 청소년에게서 처음 보고되었다. 이들은 식이 시 아연 섭취량이 그리 낮지 않음에도 불구하고 피틴산(phytic acid)이 많은 빵과 동물성 단백질이 거의 없는 식사를 하는 것으로 나타났다. 피틴산은 아연의 흡수를 방해한다.

그림 7-4 아연결핍증 청소년(17세, 120cm)과 정상키의 일반 성인

1) 기능

생체 내 여러 금속효소의 구성요소

아연은 금속효소(metalloenzyme)의 주성분으로 생체 내 100여 종 이상 되는 효소나 호르몬의 보조인자이다. 아연을 함유한 효소에는 탄산탈수소효소, 말단의 카르복실기 분해효소, 슈퍼옥사이드디스뮤타아제(superoxide dismutase ; SOD) 등이 있다.

생체막의 구조유지

아연 부족 시 생체막의 산화적 손상으로 물질 운반에 장애가 발생한다.

면역기능에 관여

백혈구 생성에 관여하는 아연 부족 시 감염성 질환에 대한 면역력 약화와 설사 등이 유발되는 것으로 알려지고 있다.

성장에 관여

아연이 부족하면 세포증식이 억제되어 성장지연을 초래한다.

기타

인슐린의 작용을 도와주고 인슐린 합성에도 관여한다.

2) 영양문제

성장지연, 성적 발달 지연, 피부염, 식욕감퇴, 상처회복 지연, 정서적 무기력, 탈모 등의 증세가 나타난다.

3) 영양소 섭취기준과 함유식품

한국 성인의 아연 섭취기준은 표 7-3과 같으며 권장섭취량이 남자 10㎎/일, 여자가 8㎎/일이고, 상한섭취량은 남녀 모두 35㎎/일이다.

표 7-3 19~29세 성인의 아연 섭취기준

	아연(㎎/일)		
	평균필요량	권장섭취량	상한섭취량
남자	9	10	35
여자	7	8	35

아연의 주된 급원은 쇠고기, 굴, 게, 새우, 패류 등의 동물성 식품과 전곡류, 콩류 등의 식물성 식품이다. 식물성 식품은 절대적인 섭취량이 많아서 비교적 아연의 좋

은 급원이라 할 수 있으나 피틴산과 섬유소가 흡수를 방해하므로 흡수율은 낮다. 아연이 풍부한 식품은 그림 7-5와 같다.

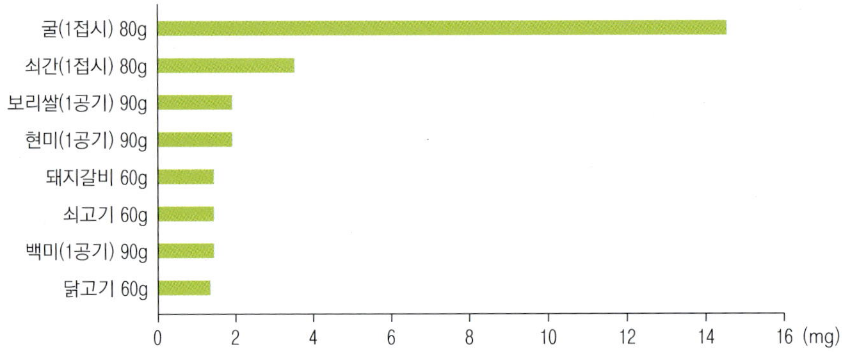

그림 7-5 식품 중의 아연 함량

감기 예방에 쇠고기가 좋다?

쇠고기에 많이 함유된 아연은 체내 면역기능에 관여하는 백혈구를 생성하는데 관여한다. 단, 쇠고기는 지방이 적은 부위로 적당히 섭취하여야 한다.

채식주의자인 경우 아연 강화 시리얼, 요구르트, 우유 등을 통해 아연을 섭취할 수 있다.

3. 구리(Cu)

구리는 체내에서 산화·환원효소의 구성요소로서 작용하는 영양소이며, 그 기능이나 대사 면에서 철과 유사한 점이 많은 미량 원소이다.

1) 기능

철 흡수 및 이용에 관여

철은 흡수 시 Fe^{2+}의 형태로 소장벽에 흡수된 후 혈액으로 이동하기 위하여는 Fe^{3+}의 형태가 되어야 한다. 이때 구리를 함유한 셀룰로플라스민(celluloplasmin)은 Fe^{2+}의 철이온을 Fe^{3+}로 전환시켜 철의 체내흡수를 돕는다. 흡수된 철이 체내 철결합 단백질과 결합되기 위해서도 Fe^{3+}의 철형태로 산화시키는 작용을 한다.

결합조직의 합성에 관여

결합조직을 구성하는 콜라겐(collagen)과 엘라스틴(elastin)이 교차결합하는 데 작용하는 효소를 활성화시키므로 구리가 부족하여 이 효소의 활성이 억제되면 골격, 피부, 혈관이 비정상적으로 형성된다.

기타

활성산소를 제거시키는 효소인 SOD(superoxide dismutase)와 연결되어 세포의 산화적 손상을 방지하는 역할을 한다.

2) 영양문제

구리 결핍의 가장 흔한 원인은 아연 보충제를 과다 섭취하여 아연이 구리 흡수를 방해하는 경우이다. 구리의 결핍증세로는 심장질환, 성장장애, 철결핍성 빈혈 등이 나타날 수 있으나 결핍증은 드물다.

한편 식이로 인한 구리 독성은 흔하지 않으나 유전적 구리 관련 질환인 윌슨병(Wilson's disease)이 발생하기도 한다. 윌슨병은 간, 뇌, 신장 그리고 눈의 각막에 구리가 축적되고 신경계 이상과 정신장애 등이 나타나기도 한다.

3) 영양소 섭취기준과 함유식품

한국 성인의 구리 섭취기준은 표 7-4와 같으며 권장섭취량은 남녀가 각각 850㎍/일 및 650㎍/일이고 상한섭취량은 남녀 모두 10,000㎍/일이다. 구리가 풍부한 식품으로는 동물의 내장, 어패류, 견과류 및 전곡류 등이 있다.

표 7-4 19~29세 성인의 구리 섭취기준

	구리(μg/일)		
	평균필요량	권장섭취량	상한섭취량
남자	650	850	10,000
여자	500	650	10,000

4. 요오드(I)

요오드의 70~80%는 갑상선에 존재하고 나머지는 근육, 피부, 골격, 다른 내분비조직 등에 분포한다. 요오드는 갑상선호르몬(thyroxine)의 주성분으로 뇌, 근육 등에서 단백질대사와 효소 활성을 조절한다.

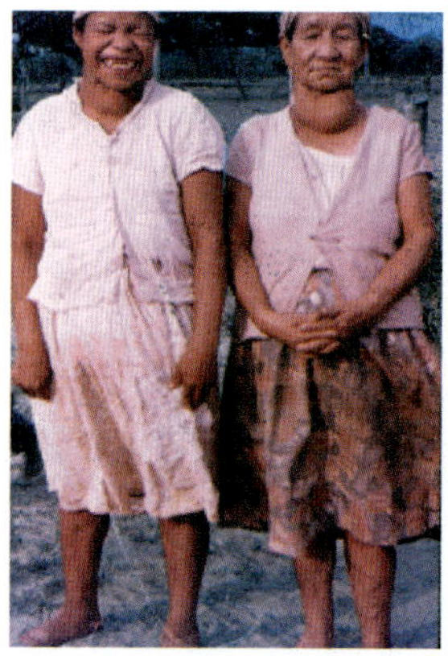

그림 7-6 요오드 결핍증인 모녀

1) 기능

신체에 기초대사를 조절하는 갑상선호르몬의 구성분으로 성장기에 꼭 필요하다. 수유부에게는 모유의 분비를 촉진시킨다.

2) 영양문제

(1) 결핍증

단순갑상선종(simple goiter)

체내 요오드 결핍 시 갑상선호르몬을 만들기 위하여 갑상선자극호르몬의 자극으로 갑상선조직이 비대해지게 된다.

크레틴병(cretinism)

요오드가 부족한 모체에서 태어난 아이에게 나타나는 결핍증으로 육체적, 정신적으로 성장이 지연된다.

점액수종(myxedema)

얼굴과 손에 부종이 나타나며, 피부가 거칠어지고 목소리가 쉰 듯하다.

(2) 과잉증

요오드를 과량으로 섭취하면 결핍 시와 마찬가지로 갑상선호르몬의 합성이 저해된다. 또한 갑상선의 과도한 자극으로 인하여 갑상선기능항진증이나 바세도우병(Basedow's disease)이 나타날 수 있다. 바세도우병은 안구가 돌출되고 심장의 고동이 심해지며 기초대사가 항진되는 등의 증세가 있다.

3) 영양소 섭취기준과 함유식품

한국 성인의 요오드 섭취량기준은 표 7-5와 같으며 권장섭취량이 남녀 모두 150 ㎍/일이다. 대부분의 한국인은 권장섭취량보다 훨씬 더 많은 양의 요오드를 섭취하고 있다. 요오드가 풍부한 식품으로는 김, 미역, 다시마와 같은 해조류, 요오드 강화염 등이 있다.

표 7-5 19~29세 한국 성인의 요오드 섭취기준

	요오드(㎍/일)		
	평균필요량	권장섭취량	상한섭취량
남자	95	150	2,400
여자	95	150	2,400

5. 불소(F)

1) 기능

인체의 골격과 치아 중에 불화칼슘(CaF_2)으로 존재하며, 골다공증이나 충치로부터 치아를 보호한다.

2) 영양문제

불소가 부족하면 충치가 쉽게 발생하고 노인이나 폐경기 여성의 경우 골다공증의 위험이 높아진다. 불소를 과잉섭취하면 치아에 반점이 생기는 반상치가 나타난다.

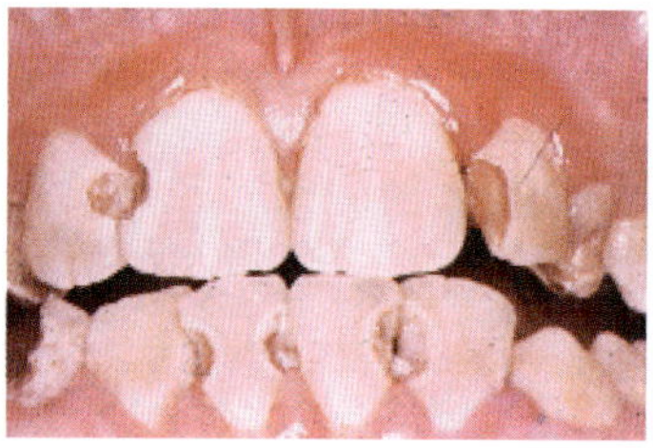

그림 7-7 불소 결핍증

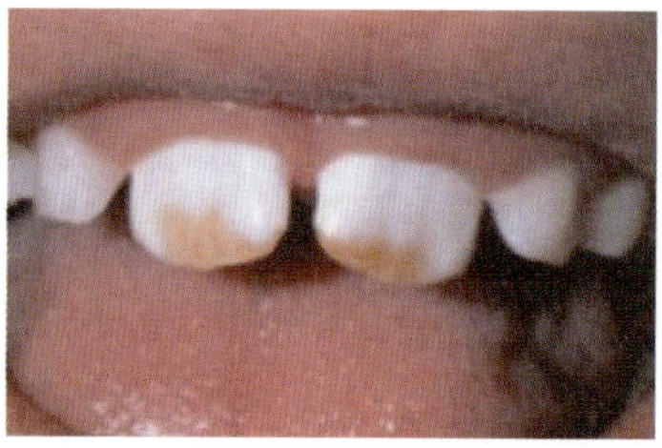

그림 7-8 불소 과잉증(반상치)

3) 영양소 섭취기준과 함유식품

한국 성인남자와 여자의 1일 충분섭취량은 각각 3.5㎎과 3.0㎎이며, 1일 상한섭취량은 10㎎이다.

불소는 해조류, 고등어, 정어리, 연어 등의 어류, 불소가 첨가된 식수, 차 등에 함유되어 있다. 불소는 식품보다는 세치제 또는 불소첨가 음용수를 통하여 더 많은 양이 섭취된다.

6. 셀레늄(Se)

1) 기능

항산화작용

셀레늄은 항산화 효소인 글루타티온 퍼옥시다아제(glutathione peroxidase)의 구성분이다. 또한 비타민 E와 함께 체내에서 지질의 과산화를 방지하고 세포막을 보호하는 역할을 한다. 셀레늄과 비타민 E는 서로 의존하여 항산화작용에 관여한다.

중금속 해독작용

수은과 카드뮴의 중독에 대한 방어작용을 한다.

2) 영양문제

인간에게서 나타나는 셀레늄 결핍의 증세는 근육통, 근육소모, 심근증 등이 포함된다. 이 중 케샨병(Keshan disease)은 중국에서 처음 보고되었으며, 어린이와 가임여성에게 나타나는 풍토성 심장근육질환으로 셀레늄 섭취가 낮을 때 나타난다.

또한 셀레늄이 결핍되면 심장에서 지방산 과산화물의 축적을 초래하고 이러한 지방산 과산화물은 혈액응고 형성을 증진시키는 물질의 형성을 유도한다.

한편, 과잉의 셀레늄은 독성을 유발하는데 토양 중 셀레늄의 함량이 높은 지역에서 재배한 식품을 섭취하거나 셀레늄을 보충제로 과잉섭취하면 탈모, 위장장애, 신경계 손상 등의 증세를 보인다.

3) 영양소 섭취기준과 함유식품

한국 성인의 셀레늄 섭취기준은 표 7-6과 같으며 권장섭취량은 남녀 모두 60㎍/일이고 상한섭취량은 400㎍/일이다. 셀레늄은 어육류, 동물의 내장, 패류, 종실류 및 견과류에 풍부하며 토양에 포함된 셀레늄의 함량에 따라 곡류의 셀레늄 함량에 차이가 있다.

표 7-6 19~29세 성인의 셀레늄 섭취기준

	셀레늄(㎍/일)		
	평균필요량	권장섭취량	상한섭취량
남자	50	60	400
여자	50	60	400

7. 망간(Mn)

1) 기능

망간은 체조직 내에서 여러 화학반응을 촉매하는 효소를 활성화시키는 작용을 하는 것으로 밝혀졌다. 예를 들어 아세틸-Co A로부터 콜레스테롤이 형성될 때 조효소로 작용하고, 피루브산 탈탄산효소(pyruvate decarboxylase)의 구성분이기도 하다.

2) 영양문제

사람에서 망간의 결핍 증세는 흔하지 않으나 동물 실험 결과 성장장애, 근육이상, 성기능 및 생식능력 저하 등이 나타났고 토끼의 경우 망간이 결핍되면 새끼를 돌보지 않는다고 한다.

3) 영양소 섭취기준과 함유식품

한국 성인의 망간 섭취기준은 표 7-7과 같으며 남녀의 충분섭취량이 각각 4.0㎎/일 및 3.5㎎/일이다. 망간은 곡류, 두류 등의 식물성 식품에 비교적 많이 함유되어 있으며 동물성 식품에는 적게 함유되어 있다. 칼슘이나 철 보충제를 섭취하는 경우 망간의 흡수율이 낮아질 수 있다.

표 7-7 19~29세 성인의 망간 섭취기준

	망간(㎎/일)	
	충분섭취량	상한섭취량
남자	4.0	11
여자	3.5	11

8. 크롬(Cr)

1) 기능

인체에서 크롬의 중요성은 최근에 밝혀졌으며, 인슐린 작용을 도와 세포에 포도당이 유입되도록 유지시켜 주는 역할을 하는 것으로 보고되었다.

2) 영양문제

크롬 결핍 시 포도당 내성이 손상되고 혈청 콜레스테롤과 중성지방이 증가되어 당뇨병의 위험이 증가하는 것으로 알려졌다.

3) 영양소 섭취기준과 함유식품

한국 성인 크롬 섭취기준은 표 7-8과 같으며 충분섭취량은 남자 30㎍/일, 여자 20㎍/일이다. 크롬은 토양에 포함된 함량에 따라 곡식의 크롬 함량이 영향을 받으며 도정된 곡류보다 전곡류나 버섯, 브로콜리, 견과류에 많이 함유되어 있다.

표 7-8 19~29세 성인의 크롬 섭취기준

	충분섭취량(㎍/일)
남자	30
여자	20

9. 몰리브덴(Mo)

1) 기능

몰리브덴은 산화환원과정에 관여하는 잔틴산화효소, 잔틴탈수소효소, 알데히드 산화효소, 아황산염산화효소 등의 조효소로 작용한다.

2) 영양문제

정상적인 식사를 하는 경우 몰리브덴의 결핍증세는 나타나지 않지만 완전정맥영양을 하는 환자에게 결핍증이 보고되었다. 심장박동 및 호흡증가, 정신착란, 야맹증, 부종, 허약, 혼수 등이 있다. 몰리브덴의 인체독성은 매우 낮은데 동물에서 과잉 섭취 시 빈혈, 생식독성, 태아기 발달 저해 등이 보고되었다.

3) 영양소 섭취기준과 함유식품

한국 성인의 몰리브덴 섭취기준은 표 7-9와 같으며 권장섭취량은 남자와 여자가 각각 30㎍/일 및 25㎍/일이다. 몰리브덴은 전곡류, 견과류, 서류, 두류, 견과류 및 우유나 유제품, 간 등의 식품에 널리 함유되어 있다.

표 7-9 19~29세 성인의 몰리브덴 섭취기준

	몰리브덴(㎍/일)		
	평균필요량	권장섭취량	상한섭취량
남자	25	30	600
여자	20	25	500

채식주의와 영양

일본을 비롯한 아시아 여러 나라 국민들은 서구화 이전에는 육식을 많이 하지 않았다. 인도인의 20~30% 정도가 락토 베지테리언으로 전 세계 채식주의자의 70%를 차지한다. 서양에서는 20세기 이후 건강, 윤리, 환경보호 등의 이유로 채식주의자의 비율이 꾸준히 늘어나고 있다. 미국인의 1~2.8% 정도가 생선을 포함한 육식을 하지 않는다.

채식은 다량의 섬유질을 섭취함으로써 혈당이 과도하게 높아지는 것을 막고 적당한 포만감을 주어 과식이나 폭식을 막으므로 지방의 축적을 최소화할 수 있다. 또한 콜레스테롤과 중성지방 수치를 낮추고 총 섭취량 대비 칼로리가 낮아 다이어트의 효과도 있다. 채식은 알츠하이머를 예방하고 진행속도를 느리게 하는 데도 도움이 된다. 채식을 통한 비타민 C, 비타민 E, β-카로틴 등의 섭취는 신경과 세포를 보호하고, 양질의 식이섬유는 변비 해소, 위암·췌장암·대장암 예방, 신결석 예방, 콜레스테롤 감소에 효과적이다. 유아 피부 질환인 아토피(atopy) 피부염을 낫게 하기 위해 유아에게 채식요법만을 실시하는 경우가 있다. 이 때문에 유아의 경우 심한 영양결핍을 겪는 사례들도 많이 보고되고 있다.

그림 7-9 채식주의자의 식사

1. 채식주의자의 종류

- 락토 오보 베지테리언(locto-ovo vegetarian)

유제품과 동물의 알은 먹는 경우로 서양의 채식주의자들이 대부분 이에 속한다.

• 락토 베지테리언(lacto vegetarian)

고기와 동물의 알은 먹지 않지만 유제품은 먹는 경우로 인도와 지중해 연안의 나라에 흔하다.

• 오보 베지테리언(ovo vegetarian)

유제품은 먹지 않지만 가금류의 알은 먹는다.

• 비건(vegan)

철저한 채식주의자로 유제품과 동물의 알을 포함한 모든 종류의 동물성 음식을 먹지 않는다. 또한, 꿀도 먹지 않는 경우가 있다.

2. 채식주의자에게 부족되기 쉬운 영양소

채식주의자나 채소 위주의 식사를 하는 사람은 칼슘, 철분, 아연 같은 무기질 외에 비타민 B_6와 비타민 B_{12}가 부족해지기 쉽고 나이가 들어 위산 분비가 감소한 경우에는 비타민 B_{12}가 더욱 부족해질 수 있다.

1) 필수아미노산

필수아미노산은 인체 내에서 생성되지 않으므로 반드시 단백질 음식을 통해 섭취하여야 한다. 곡류나 채소에는 아미노산의 양이 절대적으로 부족하고, 아미노산이 함유되어 있어도 질이 낮다. 동물에서 얻어진 완전아미노산이 식물에서 얻어진 불완전아미노산보다 생체 내 활성도가 훨씬 높다.

필수아미노산이 없으면 세포 구성이 어려워 모발이 빠지고 근육이 소실되며 피부 탄력이 떨어진다. 또 두뇌활동이 저하되고 성장기 아이는 성장이 지연된다.

2) 칼슘

채식주의자들은 대부분 칼슘 섭취가 부족하고 골다공증이나 골절 등을 일으킬 수 있다. 이를 예방하기 위해 채식주의자는 칼슘보충제를 복용하거나 칼슘을 많이 함유한 멸치나 다시마, 미역 등의 해조류를 반드시 먹어야 한다.

3) 철

채소와 육류에 함유되어 있는 철의 양에는 큰 차이가 없으나 흡수율은 다르다. 육류에만 포함된 Fe^{2+}는 체내 흡수율이 높고 몸 안에서 활용되는 생체 이용률도 높다. 반면 채소에 함유된 Fe^{3+}은 섭취하더라도 실제 체내에 흡수되는 양도 적고 활용도도 낮다. 따라서 채식주의자가 같은 양의 철을 섭취했더라도 철결핍 현상이 나타날 수 있다. 이를 예방하려면 따로 철보충제를 복용하거나 철이 다량 함유된 녹황색 채소를 아주 많이 섭취해야 한다.

4) 아연

아연 역시 육류에 다량 함유되어 있는 영양소이다. 채식주의 식단만으로는 아연의 섭취가 불량할 뿐만 아니라 채소에 공통적으로 많이 포함된 피틴산은 아연이 체내로 흡수되는 것을 방해하므로 더욱 아연이 결핍되기 쉽다. 아연이 결핍되면 성장이 지연되고 면역 저하, 불임 등 심각한 질환이 생길 수 있다. 따라서 채식하는 사람들은 아연 보충제를 따로 복용하거나 땅콩, 해바라기씨 등의 견과류를 많이 섭취하여야 한다.

5) 비타민 B_{12}

비타민 B_{12}의 급원식품은 동물성 식품이다. 따라서 일반적으로 채식하는 사람들에게 부족하기 쉬운 영양소 중 하나이다. 비타민 B_{12}가 부족하면 악성 빈혈, 췌장질환, 위축성 위염, 소장 세균의 과다 증식 등의 질환이 생기기 쉽고 또 피로감이 들기도 한다.

3. 채식을 피해야 하는 경우

유아, 어린이, 청소년, 임신부, 수유부, 만성질환을 앓고 있는 환자, 회복기에 있는 환자 등은 철저한 채식주의를 피하는 것이 좋다.

참고문헌

김미경, 왕수경, 신동순, 정해랑, 권오란, 배계현, 노경아, 박주연(2006). 생활 속의 영양학. 라이프사이언스.

문수재, 김혜경, 홍순명, 이경혜, 이명희, 이영미, 이경자, 안경미, 이민준, 김정연, 김정현(2008). 알기 쉬운 영양학. 수학사.

박태선, 김은경(2000). 현대인의 생활영양. 교문사.

보건복지부(2020). 2020 한국인 영양소 섭취기준.

이상선, 정진은, 강명희, 신동순, 정혜경, 장문정, 김양하, 김혜영, 김우경(2008). 영양과학. 지구문화사.

이정실, 이영남, 김을상(2000). 모유영양아의 아연과 구리 섭취량에 관한 연구. 한국영양학회지 33(8) : 857-863.

최혜미, 김정희, 김초일, 송경희, 장경자, 민혜선, 임경숙, 변기원, 송은승, 송지현, 강순아, 여의주, 이홍미, 김경원, 김희선, 김창임, 남기선, 윤은영, 김현아(2000). 21세기 영양학. 교문사.

한국식품영양관련학과 교수협의회(2003). 기초영양학. 도서출판 효일.

한국영양학회 편집부(2010). 한국인 영양섭취기준. 한국영양학회.

한국영양학회(2016). 2015 한국인 영양섭취기준. 한국영양학회.

허채옥, 권순형, 김은미, 원선임, 박용순, 박진희, 김상연, 정경아, 김은영, 박유신(2008). 기초영양학. 수학사.

Eide D.J.(1998). The molecular biology of metal ion transport in Sacchromyces cerevisiae. Annu Rev Nutr 18 : 441-469.

Ellie Whitney, and Sharon R.R.(2007). Understanding nutrition. 11th ed. Tomson Wadsworth.

Karen E.D, and Lisa M.B.(2005). Nutrition for foodservice and culinary professionals. 6th ed. Wiley.

MacDonald R.S.(1997). The role of zinc in growth and cell proliferation. J

Nutr 130 : 1500-1508.

Pan Y.J., and Loo G.(2000). Effect of copper deficiency on oxidative DNA damage in Jurkat R-lympocytes. Free Radic Biol Med 28 : 824-830.

Rayman M.P.(2000). The importance of selenium to human health. Lancet 356 : 233-238.

Shils M.E.(2005). Modern nutrition in health and disease. 8th ed. Lea&Febiger.

Sukalski K.Z., Laberge T.P., and Johnson W.T.(1997). In vivo oxidative modification of erythrocyte membrane proteins in copper deficiency. Free Radic Biol Med 22 : 835-842.

Turnland J.R.(1998). Human whole body copper metabolism. Am J Clin Nutr 67 : 960-964.

Wardlaw GM(2007). Perspectives in nutrition. 6th ed. McGraw-Hill.

좀 더 알아보기

1. 철이 다량 함유된 식품과 철의 흡수를 높일 수 있는 조리법에는 어떤 것이 있는지 알아보자.

2. 미량무기질의 결핍증과 과잉증에 대해 알아보자.

※ 다음 질문에 대하여 O, X로 답하시오.

3. 미량무기질은 결핍되어도 문제되지 않는다. (　　)

4. 정상적인 기초대사율을 유지하기 위하여 요오드가 필요하다. (　　)

5. 철은 조혈작용에 관여하는 중요한 무기질이므로 다량무기질에 속한다. (　　)

6. 비타민 C는 철분의 흡수를 돕는다. (　　)

7. 해산물과 쇠고기에 들어 있는 아연은 면역기능에 관여한다. (　　)

8. 크롬 과잉 시 당뇨병의 위험이 높다. (　　)

9. 구리가 부족하면 빈혈이 발생할 수 있다. (　　)

10. 반상치는 불소 결핍증이다. (　　)

11. 우리나라는 요오드 결핍이 흔한 편이다. (　　)

12. 불소 부족 시 골다공증에 걸리기 쉽다. (　　)

※ 다음 문제와 관련된 무기질을 골라서 쓰시오.

철, 요오드, 아연, 구리, 셀레늄, 불소, 망간, 크롬

13. 헤모글로빈 내에 함유되어 있다.

14. 결핍되면 빈혈을 일으킨다.

15. 항산화와 관련이 있다.

16. 충치와 관련이 있다.

17. 인슐린작용을 돕는다.

18. 채식주의자에게 결핍증이 나타난다.

19. 결핍 시 크레틴병을 야기시킨다.

제8장

지용성 비타민
(Fat-soluble vitamins)

제8장

지용성 비타민
(Fat–soluble vitamins)

비타민은 에너지원으로 이용되지 않지만 세포의 정상적인 대사활동을 위하여 반드시 필요한 조절 영양소이다. 대부분 체내에서 합성되지 않거나 합성되더라도 필요량을 충족할 수 없으므로 식품으로부터 공급해야 한다. 예외적으로 비타민 D는 자외선에 의해 피부, 버섯에서 합성되고, 니아신은 트립토판으로부터 합성되며, 비타민 K는 장내 세균에 의해 합성된다.

비타민은 물과 기름에 대한 용해도에 따라 수용성 비타민(water-soluble vitamin)과 지용성 비타민(fat-soluble vitamin)으로 나뉜다. 지용성 비타민에는 비타민 A, D, E, K가 있으며, 수용성 비타민에는 비타민 B군과 비타민 C가 있다(표 8-1).

지용성 비타민의 소화를 위해서는 담즙이 필요하고, 흡수와 운반을 위해서는 지단백질인 킬로마이크론(chylomicron)을 형성하여 지질과 함께 운반된다. 지용성 비타민은 체내에 들어오면 쉽게 배설되지 않으며, 과량을 섭취하면 간과 지방조직에 축적되어 독성이 나타날 수 있다.

비타민의 발견

1912년 폴란드의 화학자 풍크(C. Funk)가 쌀겨에서 동물의 성장에 필수적인 인자를 확인하였으며, 아민(amin)을 함유하는 유기화합물이라는 뜻에서 이 물질을 ‘vitamine’이라 명명하였다. 라틴어로 ‘vital’은 생명, ‘amine’은 질소를 포함한 유기화합물을 의미한다. 이후 생명에 필수적인 다른 식품성분이 발견되기 시작함에 따라 이 물질들이 아민기를 모두 갖지 않기 때문에 마지막 글자 ‘e’를 떼어내고 ‘vitamin’으로 부르게 되었다.

표 8-1 비타민의 분류와 성질

	지용성 비타민	수용성 비타민
용해도	지방과 유기용매에 녹음	물에 녹음
흡수와 이동	지방과 함께 임파관을 따라 이동	단당류, 아미노산과 함께 문맥으로 이동
결핍증	결핍증세가 서서히 나타남	결핍증세가 빨리 나타남
공급방법	주기적인 섭취가 필요함	소량씩 자주 섭취할 필요가 있음
과량섭취	체내축적(간에 독성)	필요량 초과 시 소변으로 배설
조리 중 손실	열에 안정 공기, 자외선에서 분해됨	조리하는 물과 알칼리 조건에서 손실됨
종류	비타민 A, D, E, K	비타민 B_1, B_2, B_6, B_{12}, C, 니아신, 판토텐산, 비오틴, 엽산

1. 비타민 A(retinol)

비타민 A는 동물성 급원인 레티노이드(retinoid)와 식물성 급원인 카로티노이드(carotinoid)를 모두 일컫는다. 비타민 A는 동물성 식품 중에는 레티놀(retinol)과 레티날(retinal)이 존재한다. 식물성 식품의 노란색에서 주홍색을 띠는 색소인 카로티노이드는 체내에서 레티놀로 변화하여 비타민 A의 작용을 한다. 이런 비타민 A 전구체가 되는 카로티노이드를 프로비타민 A(pro vitamin A)라 하고 대표적인 것이 베타카로틴(β-carotene)이다. 베타카로틴의 체내 흡수율은 레티놀의 1/3이고, 레티놀로의 전환은 1/2이다. 따라서 체내에서 베타카로틴의 활성은 레티놀의 1/6이다. 비타민 A와 비타민 A 전구체는 열, 산, 알칼리에 안정하나, 산소와 자외선에는 불안정하여 쉽게 분해된다. 비타민 A의 단위는 레티놀 등가(Retinol Activity Equivalents ; RAE)로 표시한다.

1) 체내기능

시각작용

비타민 A는 암적응에 관여하는 로돕신(rhodopsin)의 형성에 필요하다. 어두운 곳에서 시각을 유지하기 위해 로돕신은 필요하다. 비타민 A가 부족하면 로돕신 생성량이 저하되어 어두운 빛에 대한 감수성이 약해져서 야맹증이 된다.

정상적인 성장

비타민 A는 정상적인 치아와 골격의 성장에 필요하다. 비타민 A 결핍 시 골격이상 및 성장지연 현상이 나타난다.

세포분화, 상피조직의 유지

비타민 A는 상피세포가 분화되는 과정에 관여한다. 비타민 A가 부족하면 점액분비 저하로 각막의 상피세포, 폐, 피부, 장점막 등의 각질화가 발생한다.

항암작용 및 항산화작용

베타카로틴은 활성산소를 제거하는 항산화제로 작용하며 항암작용이 있다. 또한, 저밀도지단백(LDL)의 산화도 방지하여 심혈관질환의 발생위험률을 감소시킨다. 특히 다량의 카로티노이드 섭취는 폐암에 걸릴 위험률을 낮추는 것으로 알려져 있다.

2) 영양문제

(1) 결핍증

비타민 A 결핍증은 전 세계적으로 개발도상국가나 저개발국가의 어린이에게서 주로 나타나며, 학령 전 아동들이 시력을 잃고, 이들 대부분이 사망하게 된다.

비타민 A가 부족할 때는 야맹증이 나타난다. 비타민 A 결핍이 장기간 지속되면 망막조직의 각질화가 계속되어 안질 발생, 비토반점(bitot's spot), 안구건조증, 각막연화증으로 진행되며 심하면 실명하게 된다.

피부도 건조하고 거칠어져 목 안쪽, 팔다리 바깥부분 등에 닭살과 같은 모낭각화증이 나타난다.

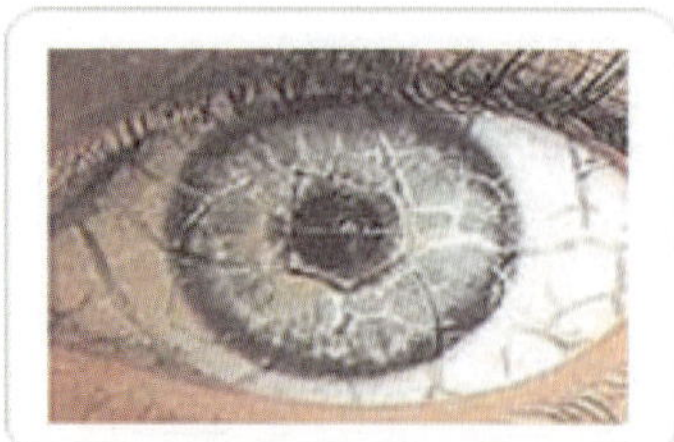

그림 8-1 안구건조증

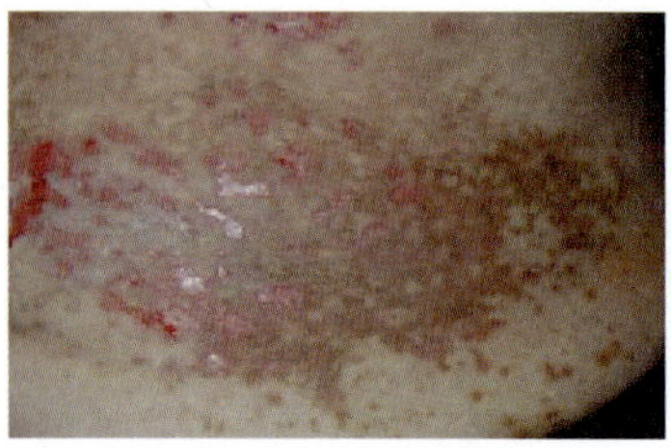

그림 8-2 모낭각화증

(2) 과잉증

비타민 A를 과량 섭취하면 독성(과잉증)이 나타난다. 급성 과잉증은 오심, 구토, 두통, 현기증, 시력불선명, 근육협조불량, 탈모증, 입술의 균열, 피부건조 및 임신 시 기형 출생 등이 나타난다.

카로티노이드는 과량 섭취하더라도 독성이 없는 것으로 알려졌지만, 지방조직에 저장되므로 과잉섭취하면 손바닥, 발바닥, 코 주변과 같은 피하조직에 침착되어 피부가 노랗게 된다.

3) 영양소 섭취기준과 함유식품

최근의 국민건강영양조사 자료에 의하면 우리나라 전체인구의 비타민 A 섭취수준은 평균 필요량 미만을 섭취하는 비율이 74.7%로 대부분의 연령대가 평균필요량에도 미치지 못한 섭취량을 보이고 있어 충분한 섭취가 필요한 영양소이다. 한국 성인의 비타민 A 섭취기준은 표 8-2와 같으며 권장섭취량은 남자와 여자가 각각 800㎍RAE/일 및 650㎍RAE/일이며 상한 섭취량은 남녀 모두 3,000㎍RAE/일이다.

비타민 A의 중요 급원식품은 동물의 간, 어류, 달걀 등이며 녹황색채소와 일부 과일 및 과일주스에 카로티노이드가 다량 함유되어 있다.

표 8-2 19~29세 성인의 비타민 A 섭취기준

	비타민 A(㎍RAE/일)		
	평균필요량	권장섭취량	상한섭취량
남자	570	800	3,000
여자	460	650	3,000

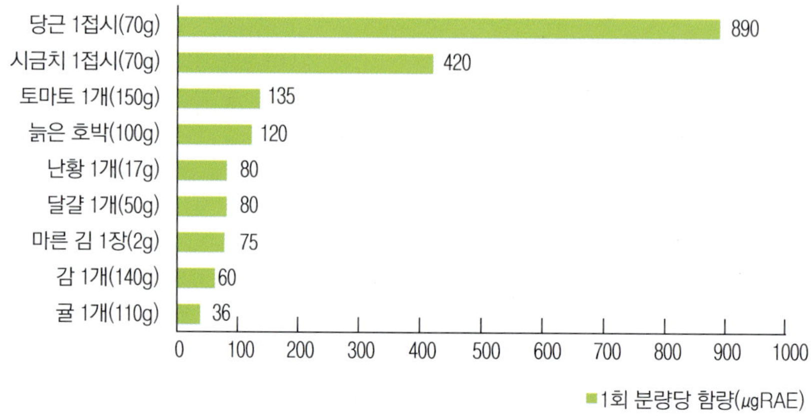

그림 8-3 식품 중 비타민 A의 함량

리코펜은 붉은 카로티노이드의 색소로 함암성분으로 작용하여, 전립선암 예방의 효과가 있다. 토마토의 경우 리코펜(lycopene) 함량이 제일 높아 색깔이 짙지만, 이 리코펜은 비타민 A의 활성이 없다. 수박에도 리코펜이 많이 함유되어 있다.

2. 비타민 D(calciferol)

비타민 D는 비타민 D의 활성을 가진 화합물들을 일컫는 것으로 체내에서 합성될 수 있다. 비타민 D는 칼슘대사에 관여하는 비타민으로 칼시페롤(calciferol)이라 명명되었다. 비타민 D는 비타민 D_2(ergocalciferol)와 비타민 D_3(cholecalciferol)가 있다. 비타민 D_2는 버섯과 효모에 있는 에르고스테롤로부터 자외선에 의해 생성되며, 비타민 D_3는 피부에서 7-디하이드로콜레스테롤(7-dehydro cholesterol)로부터 자외선에 의해 합성된다(그림 8-4).

비타민 D 합성은 햇빛의 강도, 노출시간, 피부색, 나이에 따라 다르며, 도시의 공해로 합성량이 부족할 수 있다. 흑인의 경우 백인의 10배 정도로 비타민 D가 필요하고, 70대 노인은 젊었을 때보다 비타민 D 합성이 약 70% 감소한다.

그림 8-4 자외선에 의한 비타민 D 합성

1) 체내기능

골격형성 관여

비타민 D는 1,25-$(OH)_2$-비타민 D_3의 형태로 소장에서 칼슘과 인의 흡수를 촉진시키고, 신장에서의 칼슘과 인의 재흡수율을 높여서 체내 칼슘과 인을 골격으로 이동시켜 골격 형성에 중요한 역할을 한다.

혈중 칼슘의 항상성 유지

비타민 D는 부갑상선호르몬(parathyroid hormone ; PTH)과 함께 혈장의 칼슘 항상성을 유지한다. 혈액 내 칼슘농도가 감소하면 부갑상선호르몬이 분비되어 신장에서 칼슘의 재흡수와 1,25-$(OH)_2$-비타민 D_3의 생성을 증가시킨다.

칼슘농도가 일정수준을 초과하면 갑상선에서 칼시토닌(calcitonin)이 분비되어 초과량을 다시 뼈로 이동시킨다. 이와 같은 방식으로 혈액 내 칼슘은 비타민 D_3, 부갑상선호르몬, 칼시토닌에 의해 항상 일정한 수준이 유지된다(6장의 그림 6-3).

기타

비타민 D는 면역조절세포, 상피세포, 악성 종양세포 등 여러 세포의 증식과 분화의 조절에도 관여한다. 프로락틴(prolactin), 칼시토닌을 포함한 호르몬의 합성, 인슐린 분비나 케라틴(keratin)을 형성하는 각질세포의 분화에도 비타민 D가 중요한 역할을 하는 것으로 알려져 있다.

2) 영양문제

(1) 결핍증

성장기 아동의 경우 비타민 D가 결핍되면 골격형성에 이상이 생기거나 형태가 변형되어 머리, 흉곽, 관절이 커지고 다리가 X형, O형으로 굽는 구루병(곱추병)이 나타난다(그림 8-5). 성인에게 발생하는 구루병은 골연화증이라 한다.

골연화증은 햇빛을 충분히 받지 않거나 부적절한 식사를 하는 임신부나 다산 여성에게 발생하며 골반뼈나 갈비뼈에서의 골절이 쉽게 일어난다.

골다공증은 중년기 이후, 특히 여성에게 자주 발생한다. 폐경기 이후 에스트로겐이 분비되지 않아 칼슘의 흡수율이 떨어지고 혈청칼슘농도가 감소한다. 혈청칼슘농도의 감소는 부갑상선호르몬의 분비를 자극하여 뼈에서 칼슘을 유출시키므로 골밀도가 저하된다.

동통(몸이 쑤시고 아픔), 특히 허리의 통증과 더불어 신장(키)이 감소하고, 뼈가 변형되거나 병적 골절을 일으키는 경우가 있다.

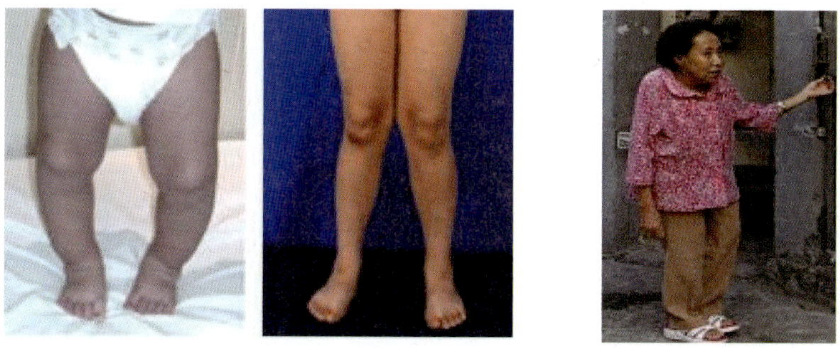

O형 다리　X형 다리　곱추병

그림 8-5 구루병

(2) 과잉증

비타민 D는 모든 비타민 중 독성이 가장 강하다. 고용량의 비타민 D를 장기간 복용하면 고칼슘혈증과 체내 연조직에 칼슘이 축적되어 신장계와 심혈관계의 영구적 손상, 고칼슘뇨증 및 신장결석 등이 발생할 수 있다. 그 외에도 구토, 허약, 변비, 홍분 등의 증상이 나타날 수 있다.

3) 영양소 섭취기준과 함유식품

한국 성인의 비타민 D 섭취기준은 표 8-3과 같다. 비타민 D는 자외선에 의하여 체내 합성이 가능하므로 성인의 1일 충분섭취량은 남녀 모두 10㎍이다. 비타민 D의 과잉섭취는 고칼슘혈증을 유발하므로 상한섭취량을 100㎍/일로 정하였다.

비타민 D의 중요 급원식품은 동물의 간, 생선의 간유, 난황, 버터, 붉은살 생선 등의 동물성 식품이며 버섯류와 효모에 약간 함유되어 있다. 우리나라는 일부 유제품과 마가린 등에 비타민 D를 강화하고 있다.

표 8-3 19~29세 성인의 비타민 D 섭취기준

	비타민 D(㎍/일)	
	충분섭취량(㎍/일)	상한섭취량(㎍/일)
남자	10	100
여자	10	100

3. 비타민 E(tocopherol)

산패된 라드(lard)가 첨가된 사료를 먹인 쥐 실험 결과, 식물성 기름에는 쥐의 생식에 필요한 필수성분이 있음을 발견하고 이를 토코페롤로 명명하였다. 토코페롤은 그리스어로 '자손을 낳는다'는 의미가 있다. 동물실험에서 비타민 E가 생식기능에 관여한다는 보고가 있으나, 사람에게서는 이런 효과가 보고되지 않고 있다.

1) 체내기능

항산화기능

비타민 E의 인체 내 주요 기능은 항산화제로서의 작용이고, 체내 대사를 정상으로 유지하는 기능을 하는 것으로 알려져 있다. 항산화제는 자신이 산화되면서 다른 물질의 산화를 막기 때문에 산화제의 공격으로부터 다른 분자나 세포의 일부분

을 보호하는 역할을 한다.

비타민 E는 지용성이므로 세포막의 인지질과 혈액 내 지단백에서 지방산의 산화를 일으키는 유리라디칼의 연쇄반응을 차단하여 활성산소에 의한 지질의 과산화를 방지하여 노화를 방지하고, 암 발생을 막아준다.

지용성 영양소의 보호

비타민 E는 식이로 섭취한 불포화지방산과 비타민 A의 산화를 방지하는 역할을 한다. 식물성 유지에 다가불포화지방산이 다량 함유되었어도 쉽게 산패되지 않는 것은 비타민 E가 들어 있기 때문이다.

적혈구막 보호

비타민 E가 부족할 경우 적혈구의 용혈현상이 일어난다. 이는 적혈구막을 형성하고 있는 다가불포화지방산이 산화되기 때문이다. 미숙아의 경우 용혈성 빈혈이 발생할 수 있는데, 출생 후 수일 내에 비타민 E를 투여하면 방지할 수 있다.

기타

비타민 E는 세포의 철대사와 신경계 및 면역계 작용 유지에도 관여한다. 또한 프로스타글란딘(prostaglandin)의 생성을 촉진하거나 억제하고 혈소판의 응집을 감소시켜, 혈관을 이완함으로써 심장혈관계 질환의 발병을 억제한다. 그리고 당뇨병의 합병증 발생을 줄이는 등 만성질환의 예방에도 관여한다.

비타민 E와 셀레늄(Se)

비타민 E와 셀레늄은 항산화제이다. 비타민 E는 세포막에서 생긴 유리라디칼의 작용을 차단하고, 셀레늄은 세포질에서 생성된 과산화물을 분해하는 역할을 한다. 셀레늄이 충분하면 항산화작용에 필요한 비타민 E가 절약된다.

2) 영양문제

(1) 결핍증

비타민 E의 결핍증은 지질을 잘 흡수하지 못하는 환자를 제외하고는 잘 발생되지 않는다.

미숙아의 경우 비타민 E의 결핍 시 적혈구막의 약화로 인한 용혈성 빈혈이 일어난다고 알려졌다. 이러한 비타민 E의 결핍을 막기 위해 특수 제조 분유나 비타민 E를 보충해 주어야 한다.

(2) 과잉증

다량의 비타민 E를 복용하면 위장질환이 일어나고, 비타민 K 흡수를 방해하여 출혈을 초래할 수 있다.

3) 영양소 섭취기준과 함유식품

비타민 E의 단위는 식품 내에 존재하는 여러 형태의 비타민 E의 활성도를 α-토코페롤 당량인 ㎎α-TE/일로 표시한다. 한국 성인의 비타민 E 섭취기준은 표 8-4와 같으며 남녀 모두의 충분섭취량은 12㎎α-TE/일이고 상한섭취량은 540㎎α-TE/일 수준이다. 비타민 E는 식물성 기름, 종자의 배아, 땅콩 등에 다량 함유되어 있다. 비타민 E 는 식품 내 불포화지방산 함량과 밀접한 관계가 있다. 특히 리놀레산이 다량 함유된 경우 비타민 E 농도도 높다. 그러나 식용유를 추출하고 정제하는 과정이나 밀가루를 제분하고 표백하는 과정에 비타민 E 함량이 감소한다.

표 8-4 19~29세 성인의 비타민 E 섭취기준

	비타민 E(㎎α-TE/일)	
	충분섭취량	상한섭취량
남자	12	540
여자	12	540

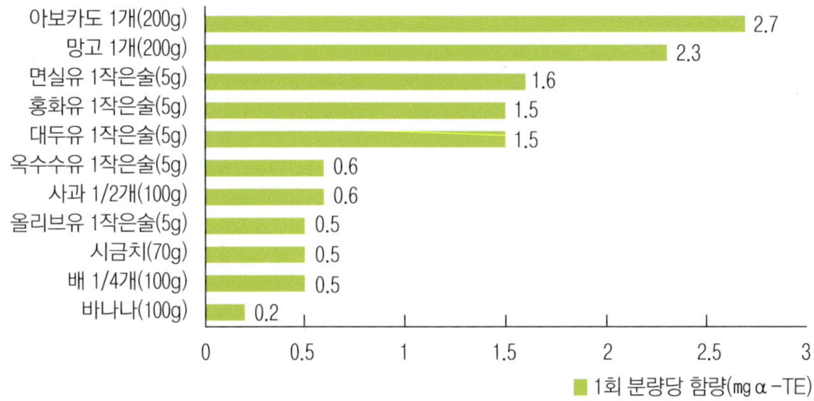

그림 8-6 식품 중 비타민 E의 함량

4. 비타민 K(phylloquinone)

비타민 K는 혈액응고에 필수적인 비타민이다. 비타민 K는 독일어의 'Koagulation(응고)'의 첫자를 따서 비타민 K로 명명하였다.

비타민 K의 종류로는 식물에서 추출한 필로퀴논(phylloquinone, 비타민 K_1)과 생선기름, 육류에서 발견되고 장내세균에 의해 합성 가능한 메나퀴논(menaquinone, 비타민 K_2), 인공적으로 합성한 메나디온(menadione, 비타민 K_3)이 있다. 이 중 메나디온은 수용성이다.

다른 지용성 비타민에 비해 공기 중에서 안정하고 열에 강하나, 알칼리와 광선에 의해 분해되기 쉽다.

1) 체내기능

혈액응고

비타민 K는 간에서 혈액응고인자의 활성화에 관여한다. 혈장에 들어 있는 혈액응고에 관여하는 프로트롬빈(prothrombin)의 생합성에 비타민 K가 조효소로 필요하다(그림 8-7). 그래서 비타민 K가 결핍되면 혈액응고가 지연된다.

뼈의 형성

비타민 K는 칼슘과 결합하는 단백질인 오스테오칼신(osteocalcin)의 합성에 관여하여 골격을 형성한다.

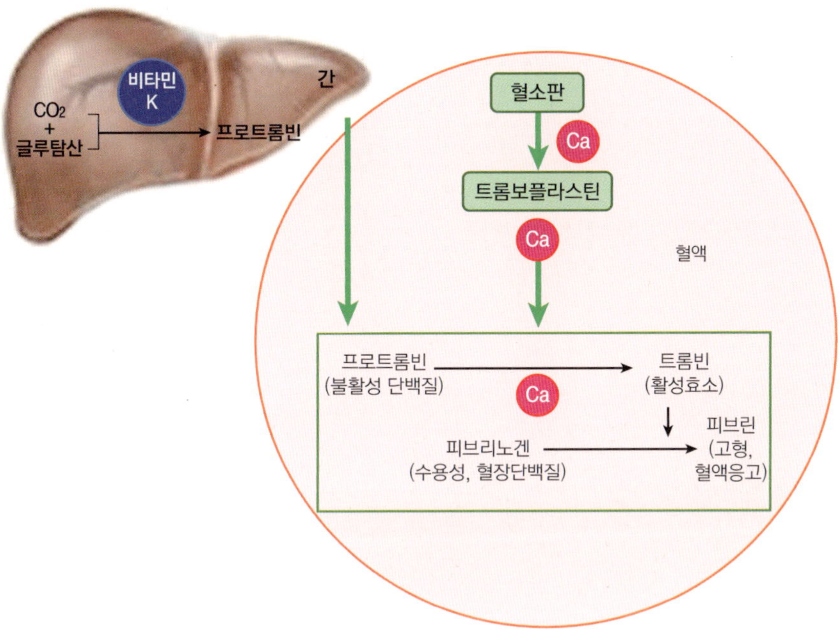

그림 8-7 비타민 K와 혈액응고

2) 영양문제

(1) 결핍증

비타민 K의 결핍으로 혈액응고시간이 연장되거나 용혈 등이 나타난다. 건강한 성인은 장내세균에 의해 합성되므로 결핍증이 거의 나타나지 않는다.

(2) 과잉증

비타민 K를 식품으로 섭취한 경우 과잉증이 나타나지 않지만 합성된 메나디온을 영아에게 주었을 때 적혈구의 용혈, 황달, 뇌손상 등이 나타날 수 있다. 요즈음은 신생아에게 독성이 없는 필로퀴논을 처방하기도 한다.

3) 영양소 섭취기준과 함유식품

한국 성인의 비타민 K 섭취기준은 표 8-5와 같으며 충분섭취량은 남자와 여자가 각각 75㎍/일, 65㎍/일이다.

비타민 K가 풍부한 식품으로는 동물의 간, 시금치나 브로콜리 등의 녹색 잎채소, 양배추, 녹차 등이 있다. 장에서 합성되어 대장에서 흡수되는 메나퀴논은 인체의 주요 비타민 K 공급원으로 1일 요구량의 약 50%를 공급한다.

표 8-5 19~29세 성인의 비타민 K 섭취기준

	충분섭취량(㎍/일)
남자	75
여자	65

표 8-6 식품 중의 비타민 K 함량 정도

비타민 K 함량이 낮은 식품	비타민 K 함량이 중간인 식품	비타민 K 함량이 높은 식품
알팔파	아스파라거스	브로콜리
겹질콩	아보카도	양배추
당근, 콜리플라워, 셀러리	적양배추	엔다이브
쌀, 빵, 시리얼	양상추	상추, 파슬리
옥수수, 감자	완두콩, 강낭콩	시금치, 근대
과일, 과일주스	블루치즈	청국장
우유, 치즈, 버터	마가린	마요네즈
해바라기씨유, 참기름	올리브유	카놀라유, 대두유
계란, 육류, 생선	전복	간

참고문헌

구재옥, 임현숙, 정영진, 윤진숙, 이애랑, 이종현(2008). 이해하기 쉬운 영양학. 파워북.

김숙희, 유춘희, 강명희, 김선희, 김경자, 이종미, 이현옥(1994). 영양학. 이화여자대학교출판부.

박태선, 김은경(2005). 현대인의 생활영양. 교문사.

보건복지부(2020). 2020 한국인 영양소 섭취기준.

이정실(1995). 수유초기 이행유 중 비타민 A의 함량, 분비량 및 영아의 섭취량의 변화. 한국영양학회지 28(9) : 855-861.

이정실, 김을상(1998). 모유영양아의 비타민 E 섭취에 관한 연구. 한국영양학회지 31(9) : 1440-1445.

이정실, 김을상(1998). 수유 첫 5개월간 모유영양아의 비타민 A 섭취량에 관한 연구. 한국영양학회지 31(9) : 1433-1439.

이정실, 김을상(1994). 수유기간별 이행유 중 비타민 E 함량의 변화. 한국영양학회지 27(10) : 1018-1024.

장유경, 박혜련, 변기원, 이보경, 권종숙(2009). 기초영양학. 교문사.

최혜미(1998). 21세기 영양학. 교문사.

한국영양학회 편집부(2010). 한국인 영양섭취기준. 한국영양학회.

한국영양학회(2016). 2015 한국인 영양섭취기준. 한국영양학회.

허채옥, 권순형, 김은미, 원선임, 박용순, 박진희, 김상연, 정경아, 김은영, 박유신(2008). 기초 영양학. 수학사.

McGuire M., & Beerman K.A.(2007). Nutritional Sciences From Fundamentals to food. Cengage Learning.

Wardlaw G.M., & Kessel M.W.(2005). Perspectives in Nutrition. 6th ed. McGraw-Hill Education.

Williams S.R.(2001). Basic Nutrition and Diet Therapy. 11th ed. Mosdy.

Whiney E.N., and Rolfes S.R.(2002). Understanding Nutrition. 9th ed. Wadsworth.

좀 더 알아보기

1. 비타민 A의 시각작용을 알아보자.

2. 베타카로틴의 생리적 기능과 함유식품을 알아보자.

3. 비타민 D는 노약자 · 환자 · 임신부 · 수유부 · 광부 · 지하근무자 등의 1일 충분섭취량으로 10㎍을 권장하나 19~29세 성인의 경우 5㎍을 권장하는 이유를 알아보자.

4. 비타민 D가 결핍되기 쉬운 사람은 누구인지와 그 이유를 알아보자.

5. 비타민 E의 항산화작용을 알아보자.

6. 비타민 E의 절약작용을 하는 영양소를 알아보자.

7. 비타민 K의 주된 기능은 무엇인지 알아보자.

※ 다음 질문에 대하여 O, X로 답하시오.

8. 비타민 A는 시력과 관련이 깊다. (　　)

9. 비타민 D의 활성화에 자외선이 필수적이다. (　　)

10. 성인에게 비타민 E 결핍은 골연화증을 유발한다. (　　)

11. 비타민의 필요량은 미량이다. (　　)

12. 리코펜은 대부분의 카로티노이드에 풍부하다. (　　)

※ 다음 문제와 관련된 비타민을 골라서 쓰시오.

비타민 A, 비타민 D, 비타민 E, 비타민 K, 티아민, 리보플라빈, 피리독신,
코발아민, 니아신, 엽산, 판토텐산, 비타민 C, 비오틴

13. 녹황색 채소 특히 당근에 풍부하다. (　　)

14. 혈액의 응고와 관련이 있다. (　　)

15. 자외선에 의하여 피부에서 합성된다. (　　)

16. 항산화제 역할을 한다. (　　)

17. 골격의 형성과 유지에 필요하다. (　　)

18. 결핍되면 야맹증을 유발한다. (　　)

19. 식품급원이 다양하지 않으며 우유에 강화된다. (　　)

제9장

수용성 비타민
(Water-soluble vitamins)

제9장

수용성 비타민
(Water-soluble vitamins)

인류는 오래전부터 괴혈병, 각기병, 펠라그라, 악성빈혈 등의 질병에 시달려왔다. 20세기 초에 과학자들은 이러한 질병이 식사 중 어떤 필수성분의 부족으로 발생하고, 이 성분들을 공급해 주었을 때 결핍증세로부터 회복된다는 사실을 알게 되었다. 이러한 필수성분들은 수용성 물질이며, 비타민 B 복합체, 비타민 C라 명명하였다.

1. 비타민 B_1(thiamin)

비타민 B_1 즉, 티아민은 각기병에 대한 연구로 시작되었다. 해병들이 도정한 쌀을 섭취하여 각기병이 생기는 것을 알고, 동물성 식품인 고기, 우유를 섭취시켜서 치료하였다. 티아민은 열과 알칼리에 약하다. 완두콩을 삶을 때, 식소다를 첨가하면 녹색을 유지하고 빨리 물러지지만 영양소가 파괴되어 바람직하지 않다.

1) 체내기능

에너지대사의 조효소

티아민은 조효소인 TPP(thiamin pyro phosphate)의 구성분으로 당질대사에서 보조효소로서의 기능을 한다. 티아민은 피루브산(pyruvate)의 산화적 탈탄산반응(CO_2 제거)으로 아세틸-Co A 생성에 관여하며, 당질의 다른 대사 경로인 HMPS(hexose monophosphate shunt)에서 케톨기전이효소(transketolase)를 활성화하는 데 작용하고, TCA회로에서 α-케토글루타르산(α-ketoglutarate)이 숙시닐 Co A로 전환하는 데 작용한다.

티아민은 TPP로 전환된 후 당질, 지질, 단백질로부터 에너지를 생성하는 과정에서 중요한 역할을 한다.

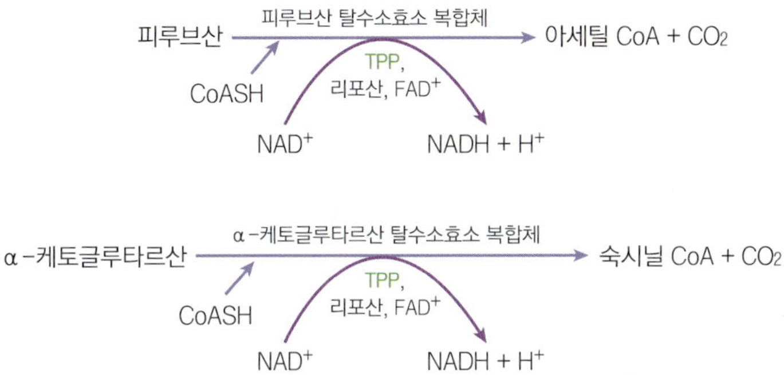

그림 9-1 TPP의 작용

신경자극전달

티아민은 말초신경세포막의 조성분으로 신경자극전달에 관여한다. TPP는 신경세포와 신경세포 사이에서 신경자극을 전달하는 아세틸콜린(acetylcholine)의 합성과정 중 필요하다.

2) 영양문제

가벼운 결핍증세로는 식욕감퇴, 체중감소, 허약, 권태, 우울증, 근육무긴장증 및 혈압저하 등이 나타난다.

대표적 결핍증인 각기병(beriberi)은 도정된 쌀을 주식으로 하는 동남아 지역에 거주하는 사람들에게 많이 발생한다. 건성각기는 근육이 약해지고 동시에 신경염 증세가 나타나 손끝이 저리고, 근육의 마비증상이 오며 보행이 곤란해진다. 습성각기는 말초신경마비와 부종이 생겨 심장비대, 울혈성 심부전이 발생한다.

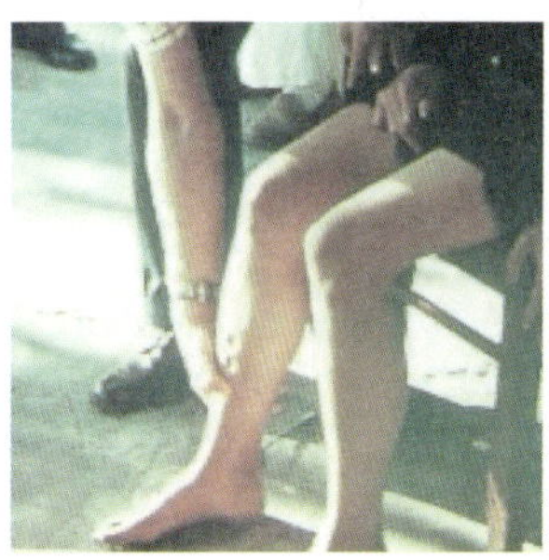

그림 9-2 습성각기

베르니케-코르사코프증후군(wernicke-korsakoff's syndrome)은 주로 알코올 중독자에게 나타나는 티아민 결핍증으로 기억력 감소, 근육운동 실조, 안근육의 마비, 정신이상 등의 증세가 나타난다.

3) 영양소 섭취기준과 함유식품

티아민 즉, 비타민 B_1은 당질을 비롯한 에너지 대사과정에 필수이므로 에너지 섭취량이 증가할수록 티아민도 많이 필요하다. 한국 성인의 티아민 섭취기준은 표 9-1과 같으며 권장섭취량은 남자 1.2㎎/일, 여자가 1.1㎎/일 수준이다.

티아민은 돼지고기와 내장육, 전곡, 현미, 두류, 영양강화곡류 및 종실류에 많이 함유되어 있다. 티아민이 강화된 밀가루나 빵 및 시리얼류도 좋은 급원이다. 반면에 어패류 등의 해산물, 우유 및 유제품, 채소와 도정한 곡류에는 티아민 함량이 낮다.

표 9-1 19~29세 성인의 비타민 B_1 섭취기준

	비타민 B_1(mg/일)	
	평균필요량	권장섭취량
남자	1.0	1.2
여자	0.9	1.1

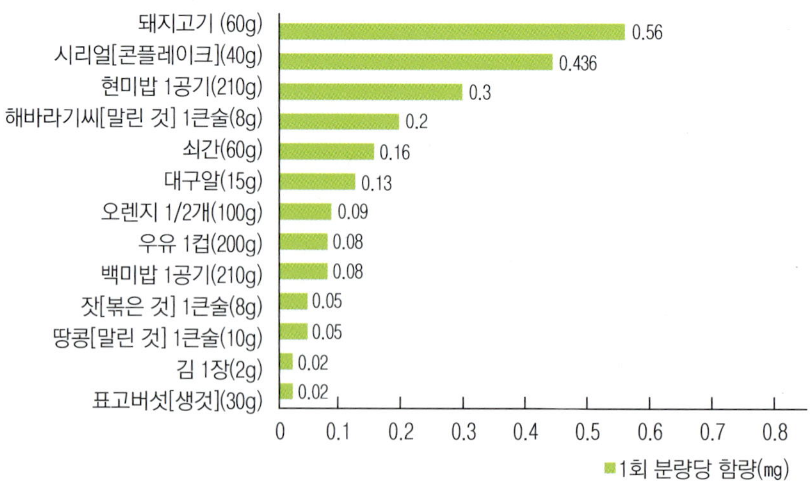

그림 9-3 식품 중의 티아민 함량

쌀 씻은 물로 밥을…

티아민은 물에 쉽게 용해되므로 불린 쌀의 물은 버리지 않고 조리에 사용한다. 또한 찜, 전자레인지 가열 등과 같이 물을 적게 사용하거나 물 없이 조리하면 티아민과 다른 수용성 비타민의 손실을 줄일 수 있다.

2. 비타민 B_2(riboflavin)

비타민 B_2 즉, 리보플라빈은 열에 안정하고, 다른 비타민 B복합체와 함께 영양소의 여러 대사과정에 작용한다. 리보플라빈의 플라빈(flavin)은 라틴어로 노란색이라는 의미이다.

리보플라빈은 플라빈 모노뉴클레오티드(flavin mononucleotide ; FMN)와 플라빈 아데닌 디뉴클레오티드(flavin adenine dinucleotide ; FAD)의 두 가지 조효소의 구성분으로 우유와 영양 강화 곡류식품 등에 함유되어 있다.

1) 체내기능

리보플라빈은 FMN과 FAD의 두 가지 조효소 형태로 체내에서 각종 산화·환원반응에 작용하므로 당질, 지질 및 단백질 대사에 필수적이다. FAD는 피루브산이 아세틸 Co A로 산화될 때, TCA회로에서 숙신산(succinate)이 푸마르산(fumarate)으로 전환될 때, 지방산의 α-산화과정과 아미노산의 탈아미노반응에서 조효소로 작용하며 전자전달계에서 수소운반체로 작용한다.

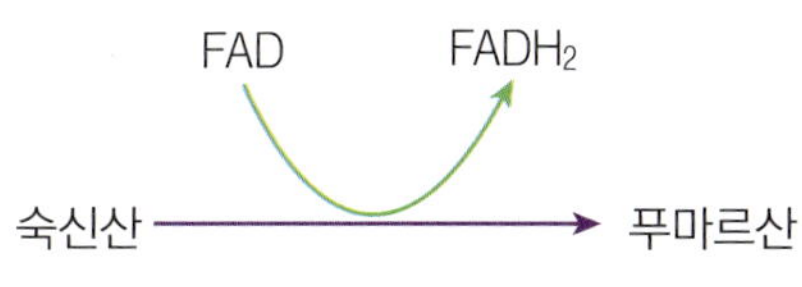

그림 9-4 TCA 회로 내 FAD의 작용

2) 영양문제

구순구각염

입술 가장자리가 헐고 염증이 생기거나 입가가 찢어지는 현상이다.

설염

혀가 붉어지고 쓰라린 증세가 나타난다.

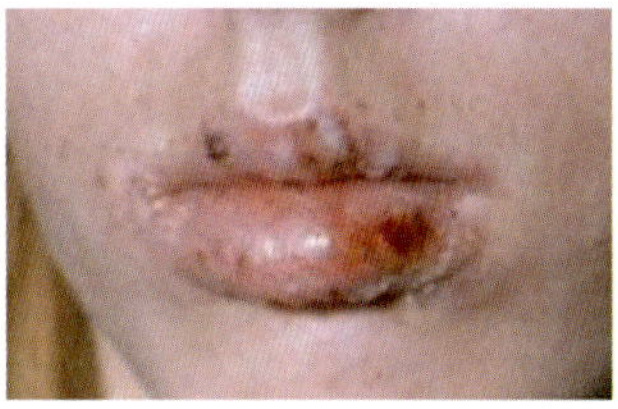

그림 9-5 구순구각염

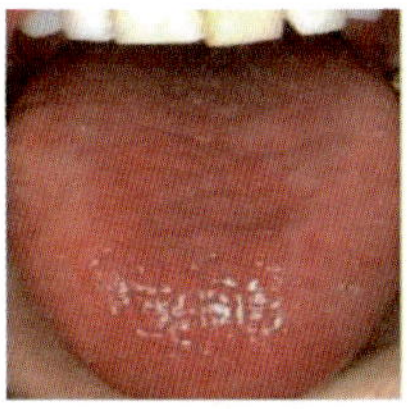

그림 9-6 설염

포토포비아(photophobia)

각막 모세혈관의 팽창으로 눈이 충혈되고 아프며 시력이 흐려진다. 또한 광선을 받으면 눈이 심하게 부신 현상으로 심하면 각막의 혈관화가 일어나고 백내장으로 발전할 수 있다.

성장지연

비타민 B_2는 성장촉진 인자로 알려져 있으므로 결핍 시 성장부진이 나타난다.

지루성 피부염

안면, 코, 귀 등에 기름기 있는 피부질환이 나타난다.

빈혈

리보플라빈의 단독 결핍으로 발생하는 경우는 드물고, 티아민, 비타민 B_6, 니아신, 엽산과 함께 적혈구 형성에 지장을 초래하여 빈혈 증상이 나타난다.

3) 영양소 섭취기준과 함유식품

리보플라빈, 즉 비타민 B_2는 각종 산화·환원효소의 구성분으로 에너지 대사에 관여하므로 에너지 섭취량이 증가하면 리보플라빈의 요구량도 증가한다. 한국 성인의 리보플라빈 섭취기준은 표 9-2와 같으며 권장섭취량은 남자 1.5㎎/일, 여자가 1.2㎎/일 수준이다.

리보플라빈은 우유 및 유제품에 가장 풍부하게 함유되어 있으며 육류, 달걀 및 영양강화 곡류제품에도 풍부하게 함유되어 있다. 간, 버섯, 시금치, 잎채소, 브로콜리, 아스파라거스, 저지방우유 및 탈지유 등도 리보플라빈의 함유량이 높다.

표 9-2 19~29세 성인의 비타민 B_2 섭취기준

	비타민 B_2(㎎/일)	
	평균필요량	권장섭취량
남자	1.3	1.5
여자	1.0	1.2

우유와 자외선

리보플라빈은 자외선에 의해 파괴되기 쉽다. 리보플라빈이 풍부한 식품인 우유와 유제품, 시리얼 등은 종이나 불투명 재질로 포장해야 햇빛에 의한 파괴를 방지할 수 있다. 우리나라 사람들의 우유와 유제품의 섭취량은 낮은 수준이므로 리보플라빈이 결핍되기 쉽다.

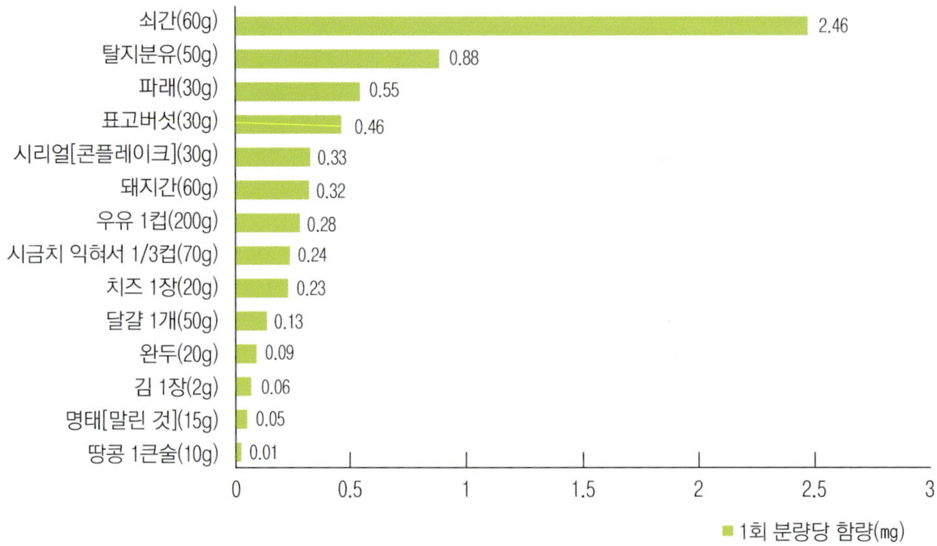

그림 9-7 식품 중 리보플라빈 함량

3. 니아신(niacin)

펠라그라(pellagra)는 옥수수를 주식으로 하는 지역에서 나타나는 풍토병이다. 펠라그라에 걸리면 피부염과 설사증세가 나타나며, 심한 경우에는 신경장애를 동반하고 사망에 이른다. 펠라그라와 니아신의 관계가 밝혀지고, 트립토판(tryptophan)이 니아신의 전구체라는 사실로부터 펠라그라의 치료법이 알려지게 되었다.

니아신은 니코틴산(nicotinic acid)과 니코틴아미드(nicotinamide)를 포함하는 명칭이다.

니아신 함량을 표시할 때 사용하는 단위는 니아신 동량(niacin equivalents ; NE)으로서 60mg의 트립토판이 1mg의 니아신으로 전환된다. 이 과정에서 티아민, 리보플라빈과 비타민 B_6의 조효소가 필요하다.

1) 체내기능

니아신 조효소의 형태는 NAD와 NADP로서 체내의 산화·환원 반응에 관여한다. 특히 ATP를 생성하는 과정과 열량 영양소의 대사과정에 필수적인 조효소로 작용한다.

NAD는 탈수소효소의 보조효소로, NADP는 지방산과 스테로이드호르몬의 합성에 관여한다.

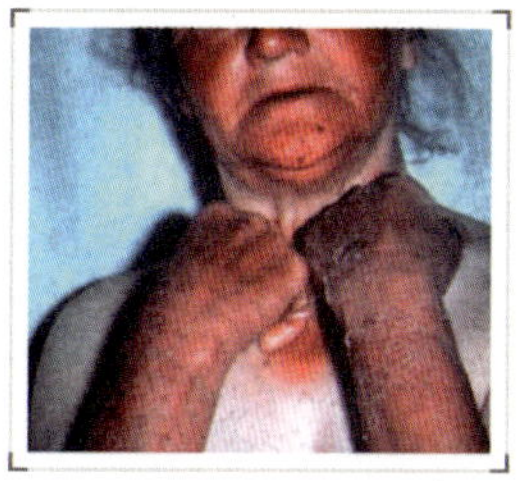

그림 9-8 펠라그라

2) 영양문제

(1) 결핍증

니아신 결핍증은 펠라그라(홍반병, 거친 피부라는 뜻)로 인한 트립토판과 니아신 대사의 장애로 발병하고, 니아신 결핍만으로는 거의 발생되지 않는다. 펠라그라는 피부염, 설사, 우울증 등의 증세가 있으며, 심하면 사망에 이른다. 피부염은 주로 얼굴, 목, 사지 등의 햇볕을 받는 부위에 나타나고 버짐, 탈피현상이 생긴다. 그리고 소화기관점막의 점액이 저하되어 설사를 유발하게 되면 위 분비선의 퇴화로 위액 분비량이 감소되어 빈혈증이 유발된다.

펠라그라는 트립토판의 함량이 낮으면서 니아신 이용률도 낮은 옥수수를 주식으로 할 때 발병하고, 단백질 공급이 풍부해지면서 사라졌다.

단백질과 니아신의 섭취가 부족한 지역인 동남아시아, 아프리카에서는 아직도 펠라그라가 발병되고 있다. 또한, 주로 알코올 중독자, 당뇨환자, 만성설사·흡수불량 환자에게서 니아신이 결핍되기 쉽다.

(2) 과잉증

니아신은 다른 수용성 비타민과는 달리 과잉 시 부작용이 나타난다.

자연식품을 통한 과잉증은 없으나 강화식품이나 고지혈증의 치료 시 니코틴산을 과량 복용하면 부작용이 나타난다. 니코틴산의 다량 복용 시 홍조(모세혈관 확장), 피부 가려움증, 구역질, 구토, 위장장애 등이 나타난다.

3) 영양소 섭취기준과 함유식품

니아신은 NAD와 NADP의 구성분으로 에너지 대사과정에 관여하므로 에너지 섭취량에 비례하여 필요량이 증가한다. 한국 성인의 니아신 섭취기준은 표 9-3과 같으며 권장섭취량은 남자 16mgNE/일, 여자가 14mgNE/일이다.

니아신의 급원은 쇠고기, 돼지고기, 내장, 어육류, 달걀, 콩 등이다. 가금류, 콩 및 우유 등의 식품은 니아신 함량은 낮으나 트립토판 함량이 높다. 한편 조리가 안 된 식품의 니아신은 주로 NAD나 NADP 형태로 존재하나, 조리나 식품의 가공 중에 효소가 가수분해될 수 있다.

표 9-3 19~29세 성인의 니아신 섭취기준

	니아신(mgNE/일)[1]		
	평균필요량	권장섭취량	상한섭취량
			니코틴산/니코틴아미드
남자	12	16	35/100
여자	11	14	35/100

1) 1mgNE(니아신 당량) = 1mg 니아신 = 60mg트립토판

커피와 니코틴산

볶은 커피에는 니코틴산이 있어 커피 소비량이 많은 지역에서는 펠라그라 발생률이 낮다고 한다.

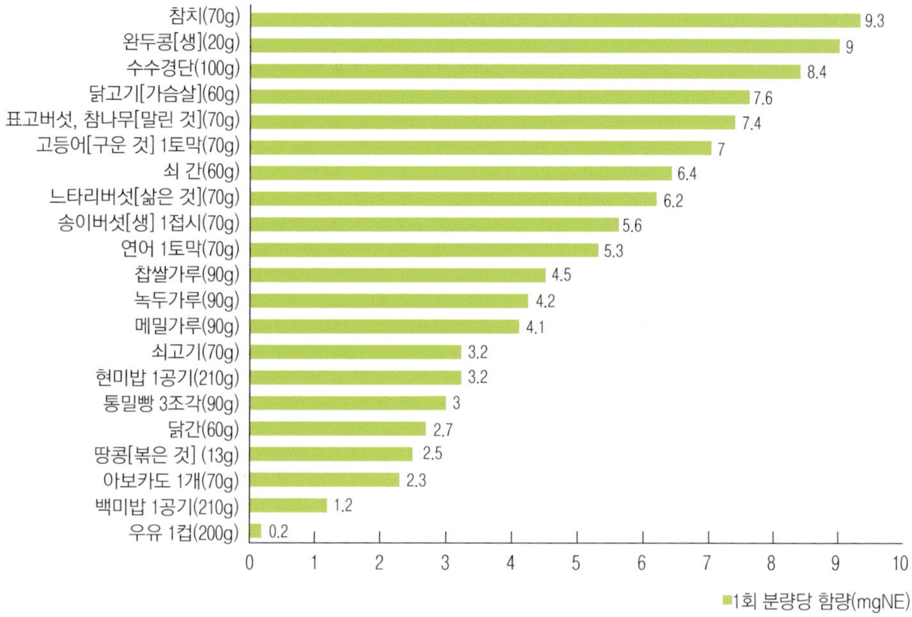

그림 9-9 식품 중의 니아신 함량

4. 판토텐산(pantothenic acid)

그리스어로 판토텐산은 그리스어로 'panthos(everywhere)'라는 뜻에서 유래되었다. 판토텐산은 Co A의 구성분으로 에너지대사에 중요한 역할을 한다.

1) 체내기능

에너지 생성

판토텐산은 에너지를 생성하기 위해 당질, 지질 및 일부 단백질은 아세틸 Co A의 형태로 TCA회로를 거쳐 전자전달계로 들어가 ATP를 형성하게 된다.

지방산, 콜레스테롤, 스테로이드 호르몬의 형성

판토텐산은 아실 운반 단백질(acyl carrier protein ; ACP)의 구성분으로 지방산, 콜레스테롤 및 스테로이드 호르몬 합성에 관여한다.

아세틸콜린 합성

판토텐산은 Co A의 형태로 아세틸기를 운반하는 운반체로 신경자극 전달물질인 아세틸콜린 합성에 관여한다.

2) 영양문제

판토텐산은 음식물에 널리 분포되어 있으며, 장내세균에 의하여 합성되므로 사람에게는 결핍증이 거의 생기지 않는다.

판토텐산의 결핍증은 알코올 중독자, 당뇨환자, 궤양성 대장염 환자들에게 가끔 나타나는 경우가 있다.

3) 영양소 섭취기준과 함유식품

한국 성인의 판토텐산 섭취기준은 표 9-4와 같이 성인남녀의 충분섭취량이 5㎎/일이다.

판토텐산은 거의 모든 식품에 함유되어 있으며 특히 육류, 간, 우유, 채소, 버섯, 땅콩, 이스트 등에 다량 함유되어 있다.

표 9-4 19~29세 성인의 판토텐산 섭취기준

	충분섭취량(㎎/일)
남자	5
여자	5

5. 비타민 B_6(pyridoxine)

비타민 B_6는 피리독살(pyridoxal ; PL), 피리독신(pyridoxine ; PN) 및 피리독사민(pyridoxamine ; PM)의 세 가지 화합물들을 모두 일컫는 명칭이다. 이들은 모두 간에서 인산화과정을 거쳐 피리독살 포스페이트(pyridoxal phosphate ; PLP)라는 조효소 형태가 되어 100여 개 이상의 효소가 관련된 반응에서 작용한다.

고온살균에 의해서 비타민 B_6가 파괴된 조제유를 먹은 영유아들의 뇌신경전달물질 합성이 감소되어 결핍증이 나타났다.

1) 체내기능

아미노산대사

비타민 B_6는 아미노기전이반응(transamination), 탈탄산반응(decarboxylation), 유황전이반응(transsufulration) 등과 같은 거의 모든 아미노산 대사과정에서 조효소(PLP)로 작용한다.

당질대사

비타민 B_6는 글리코겐이 분해될 때 조효소로 작용하여 혈당 유지에 관여하며 에너지 생성과 당 신생에 중요한 역할을 한다.

지방산 대사

비타민 B_6는 리놀레산으로부터 아라키돈산을 만드는 데 관여한다.

혈액세포의 합성

비타민 B_6는 헤모글로빈의 헴(hem) 형성에 작용한다.

신경전달물질 합성

트립토판에서 세로토닌, 티로신에서 도파민과 노르에피네프린과 같은 신경전달물질을 생성하는 데 관여한다.

2) 영양문제

(1) 결핍증

비타민 B_6는 거의 모든 식품에 들어 있어 결핍증상은 드물며, 주로 다른 비타민 B복합체 섭취가 부족한 사람에게 나타난다.

결핍증세는 피부염, 구강염, 구내염, 간질성 혼수, 말초신경장애, 메스꺼움, 현기증, 우울증, 신장결석, 빈혈이며, 심하게 결핍되면 전신경련을 포함한 심한 신경장애가 나타난다.

알코올 중독자는 미량 영양소가 결핍되기 쉽다. 특히 알코올이 비타민 B_6의 흡수를 저해하고 조효소형태의 합성을 감소시키기 때문에 비타민 B_6가 결핍된다.

비타민 B_6의 길항물질로 확인된 일부 결핵치료제와 경구피임약 복용은 피부염과 신경질환 등의 결핍증을 나타낸다.

(2) 과잉증

비타민 B_6의 과잉증상은 흔하지 않지만 과량으로 오랜 기간 섭취한 경우 신경손상을 유발하여 손발의 마비, 보행곤란, 입 주위의 감각상실 등의 증세가 나타난다.

체력단련자나 월경전증후군 환자가 치료를 위해 과량의 비타민 B_6를 복용할 경우 걷기가 어렵다든지 손과 발의 떨림 증세가 나타난다.

월경전증후군(premenstrual syndrome ; PMS)

월경 시작 2~3일 전에 우울, 걱정, 부종, 두통, 감정변화 등의 증세가 나타난다.

이때 무기질 섭취(칼슘, 마그네슘 적정량), 술, 담배, 카페인 섭취 제한, 염분의 섭취 제한, 육체적 운동 증가, 적당한 수면을 하도록 한다.

3) 영양소 섭취기준과 함유식품

비타민 B_6는 아미노산의 대사과정에 관여하므로 단백질 섭취량이 증가할수록 요구량이 증가한다. 한국 성인의 비타민 B_6 섭취기준은 표 9-5와 같으며 남녀성인의 권장섭취량은 각각 1.5㎎/일 및 1.4㎎/일 수준이다. 한국인의 섭취단백질에 대한 비타민 B_6 섭취비율은 0.019㎎/g이다.

비타민 B_6의 급원은 돼지고기, 닭고기, 알류, 내장류, 어류 등의 동물성 식품과 현미, 대두, 귀리 등이며 유제품은 상대적으로 비타민 B_6의 함량이 낮다.

표 9-5 19~29세 성인의 B_6 섭취기준

	비타민 B_6(mg/일)		
	평균필요량	권장섭취량	상한섭취량
남자	1.3	1.5	100
여자	1.2	1.4	100

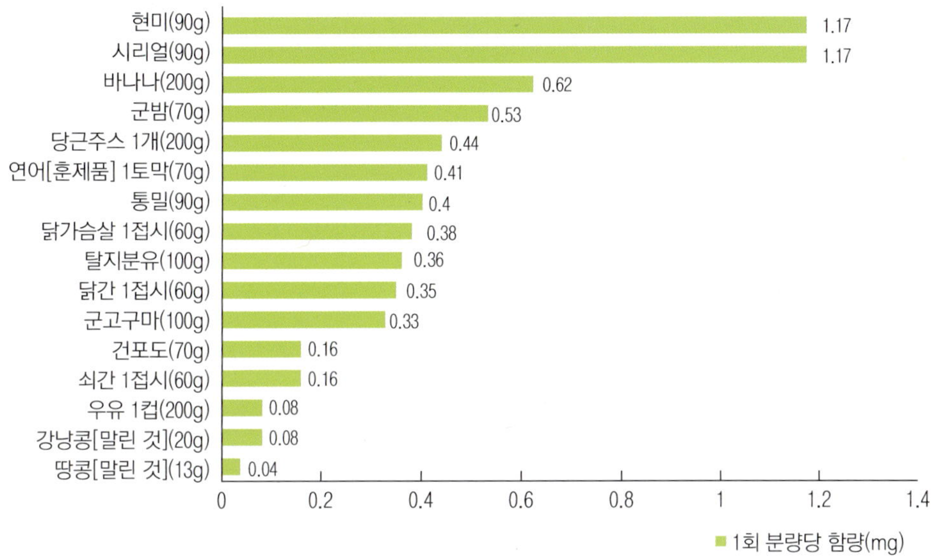

그림 9-10 식품 중의 비타민 B_6 함량

질병 및 수술 후 회복기 환자, 운동선수의 경우 단백질과 함께 비타민 B_6의 필요량이 증가하므로 섭취량을 늘려야 한다.

비타민 B_6는 동물의 근육조직에 저장되어 있으므로 육류, 생선류, 가금류가 가장 좋은 급원이다. 밀의 배아, 밀겨, 전곡 등도 비교적 좋은 급원이다. 비타민 B_6는 도정과정에서 손실되고 열과 알칼리에 불안정하므로 정제·가공된 음식을 주로 먹는 사람들에게 비타민 B_6 결핍증이 발생할 수 있다.

6. 비오틴(biotin)

비오틴은 동물이나 효모 및 세균의 성장과 정상적인 기능에 필요한 비타민이다. 체내에서 비오틴의 작용을 방해하는 물질은 '아비딘(avidin)'이라는 당단백질로 생난백에 존재한다.

1) 체내기능

비오틴은 황을 함유한 수용성 비타민으로서 포도당 합성 및 지방산 합성과정에서 조효소로 작용한다. 아미노산으로부터 에너지 생성과정과 DNA 합성에서도 중요한 역할을 한다. 비오틴은 생체 내 대사과정 중 카르복실기를 제공하는 카르복시화 효소의 조효소로 작용하고, CO_2를 제거하는 탈탄산효소의 조효소로도 작용하므로 당질, 아미노산, 지방산 대사에 모두 관여한다.

2) 영양문제

비오틴 결핍증은 일반적으로 잘 발생되지 않는다. 그러나 생난백의 아비딘은 비오틴과 결합하여 비오틴의 흡수를 방해한다. 건강한 성인은 하루에 12~24개의 생달걀을 먹을 경우에나 비오틴 결핍증세를 가져오므로 큰 문제가 되지는 않으나, 알코올 중독자가 3~4개의 생난백을 먹는 경우에는 결핍증세가 나타난다.

3) 영양소 섭취기준과 함유식품

한국 성인의 비오틴 섭취기준은 표 9-6과 같으며 남녀 모두에서 충분섭취량은 30 ㎍/일이다. 비오틴은 자연식품에 널리 분포하며 간, 난황, 이스트, 유제품, 대두, 밀, 견과류, 버섯 등에 풍부한데 육류, 채소 및 과일은 좋은 급원이 아니다.

표 9-6 19~29세 성인의 비오틴 섭취기준

	충분섭취량(μg/일)
남자	30
여자	30

7. 엽산(folate, folic acid)

엽산은 라틴어의 '잎사귀'라는 뜻을 지닌 'folium'에서 유래되었다. 엽산은 임신부의 거대 적아구성 빈혈을 치료하는 과정에서 새로운 성장인자로 발견되었다.

1) 체내기능

조효소인 THFA의 기능

엽산이 THFA(tetrahydrofolic acid)로 전환되어 메틸기와 같은 단일 탄소를 수송하는 것이다. THFA는 또 다른 화합물로 운반하는 작용을 하여 신체 내 여러 중요한 화합물을 합성하는 대사과정에 참여한다.

세포분열에 관여

엽산은 DNA, RNA 합성에 필요한 퓨린(purine)과 피리미딘(pyrimidine)의 합성에 관여하여 세포분열을 돕는다. 이때 비타민 B_{12}와 함께 조효소로 관여한다.

아미노산 합성에 관여

페닐알라닌(phenylalanine)으로부터 티로신(tyrosine)으로 전환, 글리신(glycine)으로부터 세린(serine)으로의 전환, 호모시스테인(homocysteine)으로부터 메티오닌(methionine) 합성 등 아미노산 합성에 관여한다.

기타

적혈구 헤모글로빈의 헴기(heme group)의 합성과 콜린(choline)의 합성에 관여한다.

2) 영양문제

(1) 결핍증

엽산의 결핍은 위산분비 저하, 항생제 복용 시, 장의 흡수능력이 저하된 경우, 경구피임제·항경련제 복용 시 엽산의 대사를 방해하여 나타날 수 있다. 또한 과량의 알코올 섭취는 엽산의 흡수 및 대사를 방해하므로 만성적인 알코올 중독자의 경우 혈중 엽산농도가 저하될 가능성이 크다.

엽산 결핍 시 골수에서 적혈구 조성이 제대로 이루어지지 않아 적혈구의 수가 감소하고, 적혈구의 성숙이 지연되는 거대 적아구성 빈혈(megaloblastic anemia)이 발생한다. 특히 임신 초기에 엽산이 결핍되면 태아의 신경관 손상을 초래하고, 때로는 전신마비, 뇌수종 및 지능장애현상, 무뇌증이 나타나기도 한다.

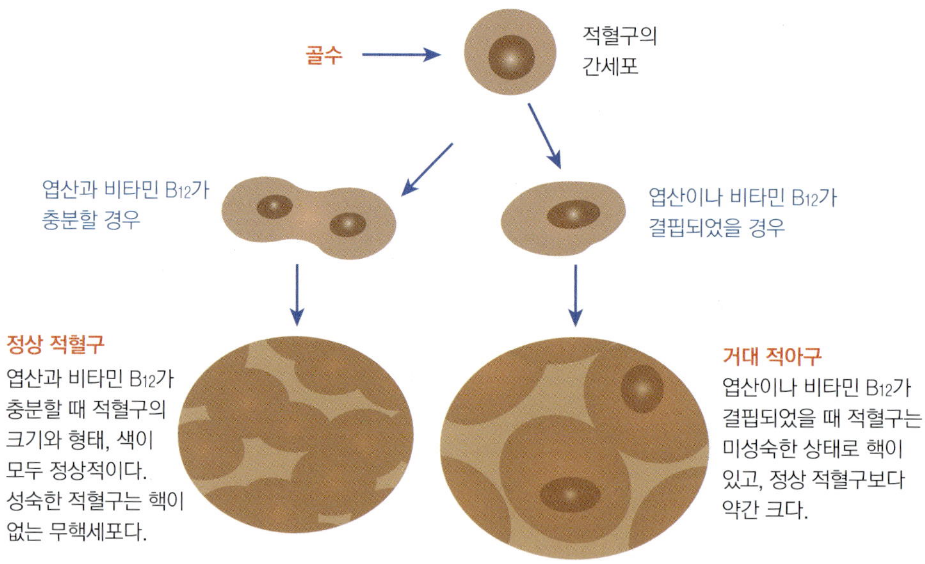

그림 9-11 거대 적혈구성 빈혈의 발생

(2) 과잉증

엽산의 과잉섭취 시 비타민 B_{12} 결핍으로 신경계 손상을 촉진하거나 악화시킬 수 있기 때문에 특히, 임신부의 과다한 엽산 보충제 섭취는 주의해야 한다.

엽산을 많이 섭취하더라도 소변으로 배설되어 과잉증이 나타나는 경우는 드물다.

3) 영양소 섭취기준과 함유식품

한국 성인의 엽산 섭취기준은 표 9-7과 같으며 권장섭취량이 남녀 모두 400㎍DFE/일 수준이다.

엽산은 신선한 푸른잎 채소나 과일, 두류, 해조류 등에 풍부하게 함유되어 있으며, 달걀, 김, 시금치, 콩나물도 좋은 급원이다. 과일 중에는 딸기, 참외, 오렌지, 키위에 다량 함유되어 있다. 미국에서는 곡류에 엽산 강화를 의무화시켜 자연식품보다 강화밀가루로 만든 빵, 시리얼 등이 좋은 급원식품이다.

표 9-7 19~29세 성인의 엽산 섭취기준

	엽산(㎍DFE/일)[1]		
	평균필요량	권장섭취량	상한섭취량[2]
남자	320	400	1,000
여자	320	400	1,000

1) Dietary folate Equivalents, 가임기 여성의 경우 400㎍/일의 엽산보충제 섭취를 권장함
2) 엽산의 상한섭취량은 보충제 또는 강화식품의 형태로 섭취한 ㎍/일에 해당됨

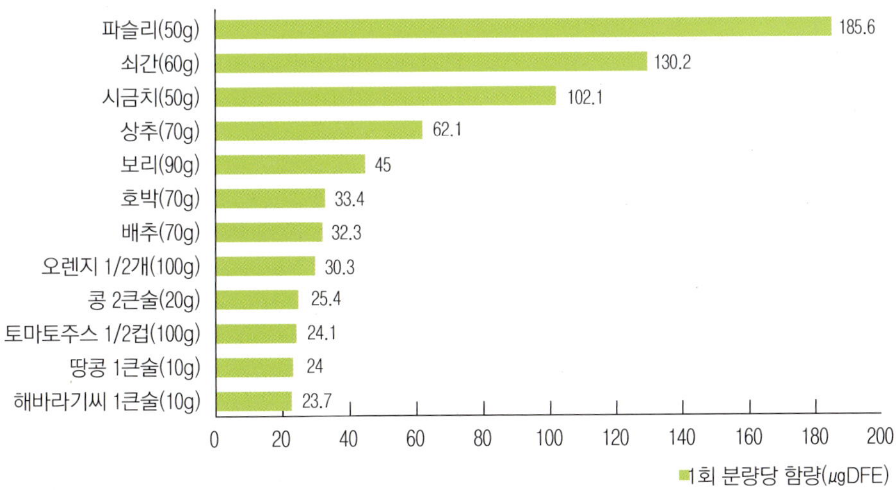

그림 9-12 식품 중의 엽산 함량

8. 비타민 B_{12}(cobalamin)

비타민 B_{12}는 동물성 단백질 식품에만 함유되어 있다. 식물성 식품에는 비타민 B_{12}가 함유되어 있지 않으나, 박테리아 등의 발효과정을 통해 비타민 B_{12}가 소량 합성되기도 한다. 그러므로 채식주의자들은 건강을 유지하기 위하여 비타민 B_{12}를 보충 섭취해야 한다.

소와 양 등의 반추동물은 반추위의 박테리아에 의해 합성된 비타민 B_{12}를 이용하거나 풀을 뜯을 때 토양으로부터 비타민 B_{12}를 얻는다.

1) 체내기능

비타민 B_{12}가 조효소 형태로 전환되며, 조효소가 되기 위해서는 리보플라빈, 니아신, 마그네슘 등이 필요하다.

조혈기능

비타민 B_{12}가 조효소로 작용하는 반응에서 가장 중요한 반응은 호모시스테인으로부터 메티오닌을 합성하는 반응으로 엽산대사와 밀접하게 관련되어 있다. 또한 비타민 B_{12}는 DNA 합성 시 엽산의 조효소(THFA)가 필요하므로 비타민 B_{12}가 결핍되면 엽산 결핍을 초래하게 된다.

엽산과 비타민 B_{12} 중 하나라도 부족하게 되면 정상적인 DNA 합성이 어렵게 되어 세포증식이 활발한 적혈구 발달에 장애가 나타나 거대 적아구성 빈혈이 된다.

신경계 유지

비타민 B_{12}는 신경계를 유지시키는 작용을 한다. 즉, 비타민 B_{12}가 결핍될 경우 신경섬유의 수초는 부분적으로 파괴되어 마비를 가져오고 사망에 이르는 원인이 된다.

조효소작용

지방산의 산화 시 비타민 B_{12}는 메틸말로닐 Co A(methylmalonyl-Co A)를 숙시

닐 Co A(succinyl-Co A)로 전환시키는 반응의 조효소로 작용한다.

2) 영양문제

(1) 결핍증

비타민 B_{12} 결핍으로 나타나는 악성빈혈은 발병 후 2~5년 이내에 사망에 이르는 치명적인 빈혈의 형태이다. 악성빈혈의 특징은 거대 적혈구가 혈액 내에 나타나고, 적혈구 수의 감소로 헤모글로빈 함량이 부족하게 되어 빈혈이 된다. 허약, 설염, 체중손실, 식욕감퇴, 소화불량, 설사, 사지의 통증과 마비 등이 나타나고, 보행이 어려우며, 가벼운 치매, 기억력 상실증의 증세가 나타난다. 악성빈혈은 비타민 B_{12}의 흡수불량일 때 나타나고, 식사부족으로는 발생되지 않는다.

비타민 B_{12}는 유전적 결함으로 내적 인자(intrinsic factor ; IF)가 합성되지 않거나 위절제 수술로 내적 인자의 분비가 안 되는 경우 결핍증이 나타난다. 철저한 채식주의자에서도 나타날 수 있다.

노인기에는 위벽 세포가 노화됨에 따라 비타민 B_{12}의 흡수에 필요한 내적 인자가 잘 만들어지지 않으므로 비타민 B_{12} 결핍으로 인한 빈혈증세 및 신경손상이 나타나는 경우가 많다.

(2) 과잉증

비타민 B_{12}는 독성이 매우 낮은 수용성 비타민으로 다량을 경구나 주사로 투여했을 때 딸기코와 유사한 피부발진이 보고되었다. 경구섭취로는 유해영향이 나타나지 않고, 상한섭취량은 설정되어 있지 않다.

3) 영양소 섭취기준과 함유식품

한국 성인의 비타민 B_{12} 섭취기준은 표 9-8과 같이 권장섭취량이 남녀 모두 2.4㎍/일이다. 권장량 수준으로 섭취하고 정상적으로 흡수할 수 있는 사람은 2~3년간 사용할 수 있는 양을 간에 저장할 수 있으므로 비타민 B_{12}의 결핍증은 잘 나타나지 않는다.

비타민 B_{12}는 일부 미생물에 의해서만 합성되어 먹이사슬로 상위포식자에게 축적되므로 주로 동물의 내장이나 육류, 가금류, 어패류, 유제품 및 달걀 등이 주요 급원이다. 그러므로 동물성 식품을 먹지 않는 채식주의자들은 우유나 달걀 또는 영양강화두유 등을 통하여 보충해야 한다.

표 9-8 19~29세 성인의 B_{12} 섭취기준

	비타민 B_{12}(μg/일)	
	평균필요량	권장섭취량
남자	2.0	2.4
여자	2.0	2.4

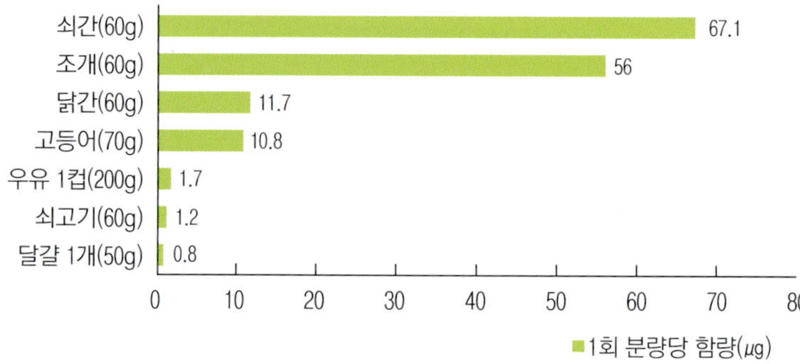

그림 9-13 식품 중의 비타민 B_{12} 함량

9. 비타민 C(ascorbic acid)

대부분의 동물이 포도당으로부터 비타민 C를 합성할 수 있으나, 인간, 기니피그(guinea pig), 유인원 등은 비타민 C를 합성할 수 없으며, 식품을 통해 섭취해야 한다.

비타민 C는 건조상태나 산성용액에서는 비교적 안정하나 수용액에서는 열, 알칼리 등에 의해 쉽게 파괴된다. 또한 산소가 존재할 때 가열하면 분해속도는 온도에 비례하여 빨라진다.

1) 체내기능

콜라겐 합성

콜라겐(collagen)은 결합조직을 강하게 해주는 섬유상 단백질로서 결체조직, 골격, 연골, 피부와 혈관의 구조에 중요한 역할을 하며, 상처치료에 필수적이다.

카르니틴 합성

카르니틴(carnitine)은 에너지 생산을 위해 지방산을 미토콘드리아로 이동시키는 물질이다. 비타민 C 결핍 시 카르니틴 합성이 저하되어 혈액에 중성지방이 축적되고 피로와 권태감의 원인이 될 수 있다.

항산화작용

비타민 C는 세포 내의 중요한 수용성 항산화제로 작용하며, 비타민 E와 함께 유리라디칼 제거제로 중요한 역할을 한다. 즉, 세포대사 시에 생성되는 산소자유기를 제거하는 역할을 한다. 신체 내에서도 비타민 C는 비타민 E, β-카로틴, 리놀레산 등이 산화되는 것을 막는 것으로 알려져 있다. 특히 비타민 E나 다가 불포화지방산은 세포막의 정상적인 유지에 필수적인 성분이므로 비타민 C의 항산화기능은 생리적으로 매우 중요하다.

무기질 흡수

식물성 식품에 함유되어 있는 비헴철(Fe^{+3}) 상태의 철분은 환원형(Fe^{+2})일 때 잘 흡수된다. 비타민 C는 비헴철을 환원시키는 환원제로 철의 흡수를 돕는다. 또한 비타민 C는 칼슘이 불용성염이 되는 것을 방지하여 Ca의 흡수를 돕는다.

면역기능

비타민 C는 면역계에 중요한 역할을 하며 화학적 해독작용에도 관여하므로 질병 상태나 약 복용 시에 비타민 C의 필요량이 증가할 수 있다.

신경전달물질의 합성

부신수질호르몬인 노르에피네프린(norepinephrine), 에피네프린(epinephrine) 합성에 비타민 C와 구리를 함유한 효소가 관여하며, 트립토판이 신경전달물질인 세로토닌(serotonin)으로 생합성하는 과정에서 필요하다.

기타 작용

감기나 호흡기계 질환의 증상은 혈중 히스타민(histamine) 상승에 대한 반응으로 일어나며, 비타민 C를 다량 복용하면 혈중 히스타민 농도가 감소되어 증세를 완화시킬 수 있다.

역학 연구에서 비타민 C가 암(식도, 구강, 위암)의 예방과 심장질환, 백내장 등을 예방하는 데 효과적인 것으로 알려져 있다.

2) 영양문제

(1) 결핍증

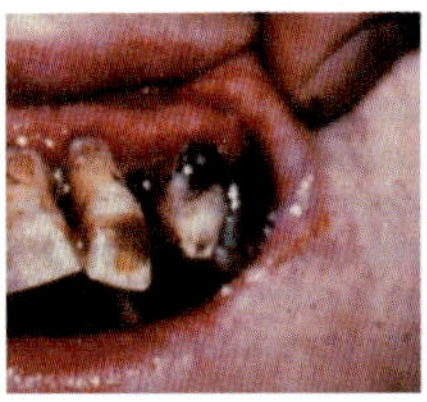

그림 9-14 괴혈병

비타민 C가 결핍되면 정상적인 콜라겐 합성이 방해되므로 신체 전체에 분포되어 있는 결합조직에 변화를 준다. 그리고 모세혈관이 약해져서 쉽게 멍이 들고 골격형성이 방해되어 성장지연현상을 가져온다.

한 달 이상 비타민 C가 결핍된 식사를 할 경우 괴혈병 증세와 팔꿈치나 다리 주변의 피부모낭에 나타나는 점상출혈과 허약 증세가 나타난다. 결합조직이 부실해져 치아와 잇몸에 변형이 와서 잇몸이 붓고 피가 나고, 뼈의 통증과 골절, 설사 혹은 우울증 증세를 동반한다. 이러한 경우 신선한 채소와 과일을 섭취함으로써 비타민 C를 공급하면 치유되는 경우도 있다.

유아의 비타민 C 결핍은 골격에 이상이 생겨 가슴뼈와 팔다리 관절의 연골과 골격 사이가 벌어지고 통증이 심하다. 이 질환은 소아 괴혈병으로 묄러병(Moeller-Barlow's disease)이라고 한다.

(2) 과잉증

비타민 C 강화식품이나 보충제의 과량섭취는 오심, 구토, 복부 팽만감, 복통, 설사 등 주로 위장관 증세를 유발하고 신장결석을 일으킬 수 있다.

3) 영양소 섭취기준과 함유식품

한국 성인의 비타민 C 섭취기준은 표 9-9와 같다. 성인남자의 평균필요량은 호중구의 비타민 C 농도가 거의 최대에 가깝고 소변으로 배설량이 최소인 지점을 설정기준으로 선정하여 75mg/일로 정하였다. 성인여성의 평균필요량도 호중구와 혈장의 비타민 C 농도가 성별로 차이가 없으므로 75mg/일로 설정하였다. 권장섭취량은 평균필요량에 변이계수 15%의 2배를 더하여 평균필요량의 130% 수준에서 설정하여 약 100mg/일로 설정하였다.

비타민 C의 가장 좋은 급원식품은 채소와 과일류이며 일부 가공식품에서도 가공 중 산화방지의 목적으로 비타민 C를 첨가하기도 한다.

표 9-9 19~29세 성인의 비타민 C 섭취기준

	비타민 C(mg/일)		
	평균필요량	권장섭취량	상한섭취량
남자	75	100	2,000
여자	75	100	2,000

비타민 C 주요 급원식품은 표 9-10 및 그림 9-15와 같다.

표 9-10 비타민 C 고함량식품(100g당 함량)[1)]

함량 순위	식품	함량 (mg/100g)	함량 순위	식품	함량 (mg/100g)
1	아세로라, 생것	800.0	9	파슬리, 생것	139.0
2	어수리잎, 생것	253.0	10	갓, 생것	135.0
3	아주까리잎, 생것	244.0	11	왕호장잎, 생것	132.0
4	구아바, 생것	220.0	12	탱자, 생것	132.0
5	모링가(드럼스틱), 생것	216.8	13	고추, 생것	122.7
6	시리얼	190.9	14	토스카노(잎브로콜리), 생것	118.0
7	블랙커런트, 생것	181.0	15	골든세이지, 말린 것	111.0
8	박쥐나무잎, 생것	151.0	16	영아자, 생것	109.0

17	돌나물, 생것	108.0	24	물냉이, 생것	92.0
18	라벤더, 말린 것	102.0	25	천마, 생것	92.0
19	로즈메리, 말린 것	102.0	26	파프리카, 생것	91.8
20	가시오갈피 순, 생것	100.7	27	산자나무 열매, 생것	91.0
21	꽃양배추, 생것	99.0	28	프로폴리스	90.0
22	순채, 생것	97.0	29	키위, 생것	86.5
23	유자, 생것	95.0	30	대추, 생것	86.0

1) 국가표준식품성분표

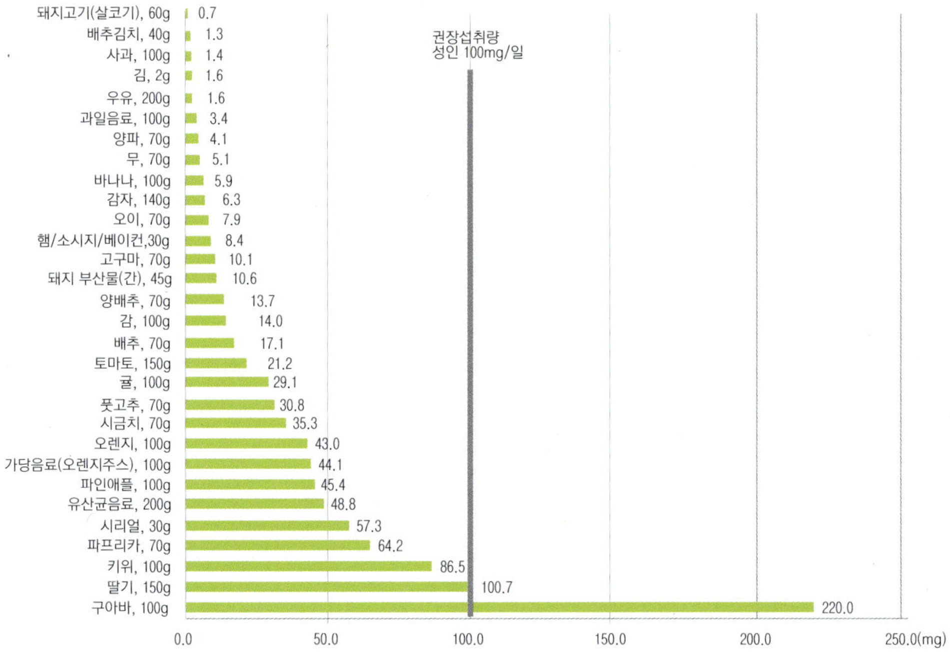

그림 9-15 비타민 C 주요 급원식품(1회 분량당 함량)[1)]

1) 2017년 국민건강영양조사의 식품별 섭취량과 식품별 비타민 C 함량(국가표준식품성분표) 자료를 활용하여 비타민 C 주요 급원식품 상위 30위 산출 후 1회 분량(2015 한국인 영양소 섭취기준)을 적용하여 1회 분량당 함량산출, 19~29세 성인 권장섭취량 기준(2020 한국인 영양소 섭취기준)과 비교

비타민 C의 손실을 줄이는 조리방법

① 조리기구는 구리나 철로 된 것을 피한다.
② 조리시간을 짧게 한다.
③ 조리수가 적게 드는 찜이나 전자레인지에 조리한다.
④ 껍질을 벗긴 후 조리하면 조리수에 파괴되므로 그대로 조리하거나 익힌 후 벗긴다.
⑤ 시들거나 멍든 식품은 비타민 C 파괴효소가 활성화되므로 피한다.
⑥ 식품재료를 저온에 저장한다.

10. 비타민 유사물질

콜린, 카르니틴, 이노시톨, 타우린, 리포산과 같은 비타민 유사물질들은 체내대사를 정상적으로 유지하는 데 필요하며, 이들은 체내에서 합성될 수 있다. 그러나 일부 질병에 걸리면 결핍될 우려가 있다.

유아용 조제분유와 총정맥영양(total parenteral nutrition ; TPN)액에 첨가할 필요성이 있으며, 현재 대부분의 조제분유에는 비타민 유사물질을 첨가하고 있다.

1) 콜린(choline)

콜린은 간 조직에서 세린으로부터 합성되며, 콜린의 합성과정에 비타민 B_6, B_{12} 및 엽산을 필요로 하고, 메티오닌으로부터 메틸기를 받아 합성된다. 따라서 식사 중의 콜린 섭취량이 부족하면 필수아미노산인 메티오닌으로부터 콜린이 합성된다. 콜린은 식물성 식품과 동물성 식품에 널리 분포되어 있으므로 균형잡힌 식사를 할 경우 섭취량이 부족할 우려는 매우 적다. 상추, 땅콩, 간, 커피, 콜리플라워에 많이 함유되어 있다.

2) 타우린(taurine)

타우린은 함황 아미노산인 시스테인과 메티오닌으로부터 합성된다. 타우린은 근육, 혈소판, 신경조직에 많이 함유되어 있으며, 담즙산에도 결합되어 있다. 확실한 작용기전이 밝혀지지는 않았지만, 타우린은 망막의 광수용체 활성, 혈구 내의 항산화작용, 폐조직의 산화방지작용, 중추신경기능에 참여하며, 혈소판 응집, 심장수축, 인슐린작용, 세포분화 및 성장에도 관여한다.

타우린은 동물성 식품에만 함유되어 있으나, 인체가 타우린을 필요량만큼 합성할 수 있는 것으로 추정된다. 따라서 건강한 사람들은 타우린의 섭취에 대하여 걱정할 필요가 없다.

그림 9-16 타우린 함유식품(전복, 오징어, 조개)

3) 이노시톨(inositol)

이노시톨은 지방간을 억제하는 인자로 포도당과 비슷한 화학구조를 가지고 있다. 동식물성 식품에 널리 분포되어 있으며 인체내도에서 생성된다. 당뇨로 인한 고혈당 상태에서는 이노시톨의 운반이 저하된다. 또한 다발성 경화증, 신부전, 암 등의 경우 이노시톨이 비정상적으로 대사되기 때문에 별도로 공급해 주어야 한다.

4) 카르니틴(carnitine)

카르니틴은 간에서 리신과 메티오닌으로부터 합성되며, 지방산의 산화에 필수적이다. 지방산이 대사되어 에너지를 생성하기 위해서 세포질에 있는 지방산을 미토콘드리아로 운반해야 한다. 영양실조나 단백질의 섭취부족 시에 카르니틴의 합성이 저하되므로 지방대사에 문제가 생기게 된다. 식물성 식품에는 거의 들어 있지 않고 어육류, 우유 등 동물성 식품에 들어 있다. 그러나 채식주의자의 혈액 중에도 카르니틴의 농도가 정상이지만 병후 회복자나 조산아의 경우는 카르니틴의 보충이 필요하다.

파이토케미컬과 영양

과일과 채소 등에 포함된 식물의 고유색은 식물이 자외선으로부터 자신을 보호하고, 세균, 바이러스, 곰팡이 등과 싸우는 무기다. 식물 색소는 일조량이 많을수록 더 짙어지고, 일교차가 클수록 더 선명해진다. 이렇게 만들어진 화학물질이 파이토케미컬(phytochemicals, 식물성 생리활성물질)이다.

식물을 뜻하는 파이토(phyto), 화학물질을 의미하는 케미컬(chemical)의 합성어인 파이토케미컬은 세포를 파괴하는 유해 산소인 활성산소를 없애는 항산화 성분으로 건강을 유지하는 데 필수적인 물질이며, 플라보노이드(flavonoids)와 카로티노이드(carotinoids) 등이 있다.

녹색 채소와 과일에 있는 플라보노이드의 일종인 루틴(rutin)은 혈압을 낮추는 성분이 있고, 메밀에 많으며, 양파, 사과, 차, 적포도주, 감자, 아스파라거스, 버찌, 감귤류, 팥 등에도 함유되어 있다. 고혈압 환자가 메밀음식을 섭취하면 메밀 속의 루틴이 모세혈관을 강화하고, 혈압을 낮춰주는 역할을 한다.

카로티노이드에 속하는 루테인(lutein)은 눈 건강에 효과가 있다. 황반변성과 백내장을 예방하고 시력도 개선한다. 시금치, 순무잎, 브로콜리, 상추 등 녹황색 채소와 망고, 파파야, 오렌지, 키위, 복숭아, 늙은 호박, 콩, 고추 등에 풍부하다.

노랑·주황색 채소와 과일에 있는 커큐민(curcumin ; 카레의 주성분인 강황에 풍부)은 큐어쿠민(curecumin)으로도 불리며, 'cure'는 '치료'라는 뜻으로 항암치료에 활용 중이다.

보라색 채소와 과일에 많이 있는 레스베라트롤(resveratrol)은 포도껍질과 씨, 레드와인에 풍부하며, 안토시아닌(anthocyanins)은 딸기, 포도, 자두, 가지 등에 풍부하게 함유되어 있다. 이 성분들은 항암효과가 있다.

빨강색 채소와 과일에 있는 리코펜(lycopene)은 토마토, 수박 등에 많으며, 심장병 예방, 전립선암 예방에 효과가 있다.

흰색 채소에 있는 알리움(allium)과 알리신(allicin)은 마늘, 양파, 파 등에 풍부하며, 면역력 증강, 콜레스테롤 강하효과, 항암효과가 있다.

과일, 채소 등 천연식품에는 비타민 C와 플라보노이드가 함께 존재하며, 플라보노이드는 비타민 C의 체내흡수를 돕는다. 파이토케미컬을 섭취하는 가장 좋은 방법은 채소, 과일을 여러 가지 먹는 것으로 이때 시너지 효과가 난다. 가능한 신선한 채소와 과일을 생것으로 먹는 것이 효과적이다.

미국에서는 'eat 5 a day(하루 5접시의 채소와 과일 섭취)' 캠페인과 '레인보우 다이어트(무지개처럼 여러 색깔의 식품섭취)'를 강조한다.

당신의 식사는 어떤 색일까요?

빨강	토마토, 수박, 딸기
주황	당근, 호박, 살구, 감
노랑(주황)	오렌지, 귤, 황도, 파인애플
노랑(초록)	무청, 갓, 옥수수, 그린빈, 완두콩, 멜론
초록	시금치, 브로콜리, 양배추
초록(흰색)	마늘, 파, 양파, 배, 버섯, 셀러리, 백포도주
보라(빨강)	딸기, 포도, 포도주스, 적포도주, 가지, 자두, 체리

참고문헌

김갑순, 김명주, 김석주, 김영현, 김현오, 오세인, 이미경, 이현옥, 이혜준, 최미숙, 허채옥(2006). 기초영양학. 효일출판사.

김미경, 왕수경, 신동순, 정해랑, 권오란, 배계현, 노경아, 박주연 편역(2005). 생활 속의 영양학. 라이프사이언스.

김숙희, 유춘희, 강명희, 김선희, 김경자, 이종미, 이현옥(1997), 개정영양학, 신광출판사.

민경찬, 이영남, 김현오, 김관우, 이애랑, 황금희, 이정실, 김애정, 김미옥, 박명수(2007). 기초영양학(개정 3판). 광문각.

보건복지부(2006). 2005년도 국민건강 영양조사.

보건복지부(2020). 2020 한국인 영양소 섭취기준.

이영순, 이정실, 이현옥(2005). 고급영양학. 광문각.

최혜미, 김정희, 이주희, 김초일, 송경희, 장경자, 민혜선, 임경숙, 이홍미, 김경원, 김희선, 윤은영(2006). 21세기 영양과 건강 이야기(제2판). 라이프사이언스.

한국영양학회 편집부(2010). 한국인 영양섭취기준. 한국영양학회.

한국영양학회(2016). 2015 한국인 영양섭취기준. 한국영양학회.

허채옥, 권순형, 김은미, 원선임, 박용순, 박진희, 김상연, 정경아, 김은영, 박유신(2008). 기초 영양학. 수학사.

Alpha-Tocopherol, Beta-carotene cancer prevention study Group(1994). Effects of Vitamin E and Vitamin C on the incidence of Lung Cancer and other Cancers in Male Smokers. New Engl J Med 33(15) : 1029-1035.

McCollum E.V.(1957). A History of Nutrition. Boston : Houghton Mifflin, p. 204.

Sara M. Hunt, and James L. Groff(1990). Advanced Nutrition and Human Metabolism. West Publishing Company.

좀 더 알아보기

1. 수용성 비타민의 주요 기능을 알아보자.

2. 체내에서 합성되는 비타민 B는 어떤 것인지 알아보자.

3. 수용성 비타민 중 과잉증으로 홍조를 나타내는 비타민은 무엇인지 알아보자.

4. 동물성 식품에만 존재하는 비타민은 무엇이고, 누가 결핍되기 쉬운지 알아보자.

5. 조혈에 관여하는 비타민으로 결핍 시 거대 적아구성 빈혈을 일으키는 비타민과 함유식품을 알아보자.

6. 콜라겐 합성기능을 갖는 비타민으로 상처회복에 효과적인 비타민은 무엇이지 알아보자.

※ 다음 질문에 대하여 O, X로 답하시오.

7. 수용성 비타민은 권장량 이상 먹더라도 충분히 배설되므로 독성이 없다. (　　)

8. 수용성 비타민은 지용성 비타민에 비하여 매일 공급해야 한다. (　　)

9. 비타민 B_6의 흡수에 내인자가 필요하다. (　　)

10. 티아민, 리보플라빈 및 니아신은 에너지대사에서 보조효소로서 중요한 역할을 한다. (　　)

11. 녹색 잎채소, 콩, 오렌지주스 등은 엽산의 좋은 공급원이다. (　　)

※ 다음 문제와 관련된 비타민을 골라서 쓰시오.

비타민 A, 비타민 D, 비타민 E, 비타민 K, 티아민, 리보플라빈, 피리독신, 코발아민, 니아신, 엽산, 판토텐산, 비타민 C, 비오틴

12. 동물성 식품에만 함유되어 있다. (　　　)

13. 돼지고기와 콩에 풍부하다. (　　　)

14. 흡수 시 위액 중에 내적 인자가 필요하다. (　　　)

15. 결핍되면 골다공증과 골연화증을 유발한다. (　　　)

16. 트립토판으로부터 체내 합성된다. (　　　)

17. 장내세균에 의하여 합성된다. (　　　)

18. 단백질 섭취량에 비례하여 증가한다. (　　　)

19. 세포의 콜라겐 형성에 필요하다. (　　　)

제10장

물

제10장

물

물은 인체의 생명현상을 유지하는 데 필수적인 영양소 중 하나이다. 따라서 물은 '당질, 지질, 단백질, 무기질, 비타민' 등과 함께 '6대 영양소'로 분류된다.

신체를 구성하고 있는 영양성분 중 양적으로 가장 많으면서, 가장 자주 공급해 주어야 하는 것이 바로 '물'이다. 사람은 다른 영양소의 공급이 중단된 상태에서 2~3개월간 생명을 유지할 수 있으나, 물이 없으면 며칠 정도밖에 살 수가 없다. 이는 체내에 수분저장고가 없기 때문이다. 그러므로 물은 체내에서 에너지를 발생하지 않지만 인간의 생명유지에 매우 중요하고 필수적인 영양소라 할 수 있다.

신생아는 체중의 75%, 성인 남자는 체중의 60%, 성인 여자와 노인은 체중의 50%가 수분이다. 체중이 70kg인 성인 남자의 경우 약 42kg이 수분인 셈이다.

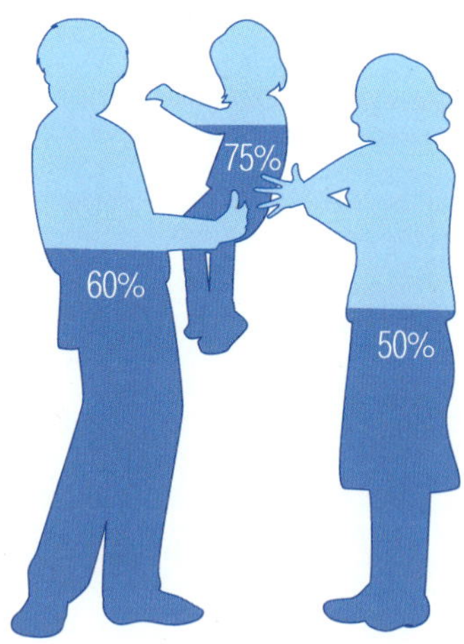

그림 10-1 인체의 수분함량

1. 물의 기능

1) 체조직의 구성분

인체는 2/3가량이 물로 구성되어 있다. 체중 60kg인 성인 여자의 경우 수분이 약 30~42kg 정도를 차지하고 있다. 각 조직마다 그 함량이 달라 혈액의 약 90%, 근육의 약 70%, 골격의 약 25%, 지방조직의 약 20%, 치아의 약 10%를 구성하고 있다.

2) 영양소와 노폐물의 운반

물은 체내에서 혈액의 주요 성분으로 여러 영양소를 용해시켜 세포를 운반한다. 대사과정에서 생성된 노폐물은 소변이나 이산화탄소의 형태로 물에 용해되어 신장, 폐, 피부 등을 통하여 체외로 배출된다.

3) 체온조절

인체는 더운 환경이나 심한 운동 등으로 인해 체온이 올라가면 땀을 흘린다. 수분의 기화열을 이용하여 체열을 효율적으로 발산하는 것이다. 그러므로 체온을 약 36.5℃로 유지할 수 있다.

4) 전해질 균형

체수분에 용해된 전해질이나 단백질 등 영양소의 농도 변화에 따라 체액의 삼투압이 변화한다. 그러므로 물과 전해질의 적절한 섭취를 통하여 체액의 pH와 삼투압 조절이 유지된다.

5) 윤활유 역할

관절에 함유된 물은 관절의 움직임을 원활하게 하여 연골과 뼈의 마모를 완화시킨다. 타액, 소화기관 그리고 호흡기관의 점막에서 분비되는 점액도 수분이 마찰을 방어하는 윤활유 기능을 한다.

6) 외부 충격으로부터 보호

물은 체내 각 장기를 보호하는 중요한 역할을 한다. 몸이 외부로부터 충격을 받으면 물은 쿠션 역할을 하여 갑작스런 쇼크를 막아준다. 안구의 수정체, 관절에 함유된 물, 임신부의 양수 등은 외부충격으로부터 조직을 보호하는 역할을 한다.

7) 소화·흡수기능

체내수분은 대사과정이 원만히 진행되도록 작용한다. 또한 체내에서 분비되는 소화액의 구성분이 되어 음식물의 소화·흡수를 돕는다. 타액, 위액, 장액, 담즙 등 여러 가지 분비물의 구성분으로 작용한다.

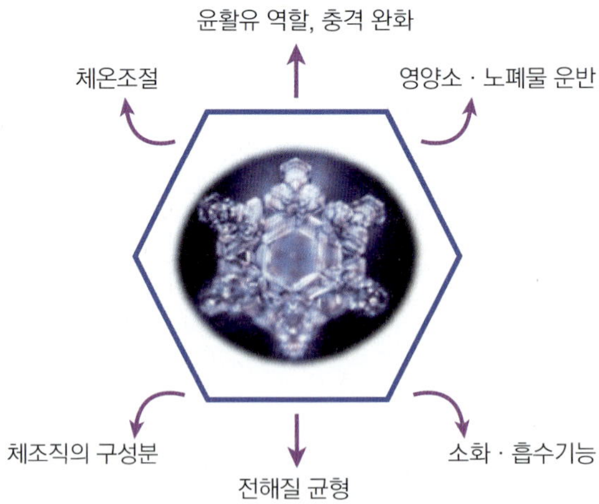

그림 10-2 물의 기능

2. 체내수분의 평형

인체는 다양한 생리적 상태와 외부환경의 변화에도 불구하고 항상 일정량의 체수분을 보유해야 한다. 그러므로 수분섭취량과 배설량 간에는 균형이 유지되고 있다. 그런데 이 균형이 제대로 이루어지지 않으면 과다하게 체내에 물을 보유하는 부종상태가 되거나 탈수증세가 나타날 수 있다.

1) 수분섭취

수분의 주된 공급원은 음료수와 식품으로 1일 필요량의 거의 대부분이 충당된다. 주로 음료수를 통해 공급되지만 오이, 수박, 사과 등의 채소와 과일 등의 식품으로도 공급될 수 있다. 또한 신체의 대사과정 중의 부산물로 소량의 물이 생성되기도 한다. 당질, 단백질, 지질 등 영양소의 에너지를 생성하는 대사과정에서 생기는 대사수가 신체에서 쓰인다(그림 10-3).

2) 수분배설

인체는 체내 수분의 균형을 위해서 1일 섭취한 수분량과 거의 같은 양을 배설한다. 체내의 수분은 소변, 피부, 호흡 및 대변을 통해 배설된다. 약 2/3 정도는 소변을 통해 배설되고, 약 1/3 정도는 폐와 피부를 통해 기화되고, 대변을 통해서 소량 배설된다.

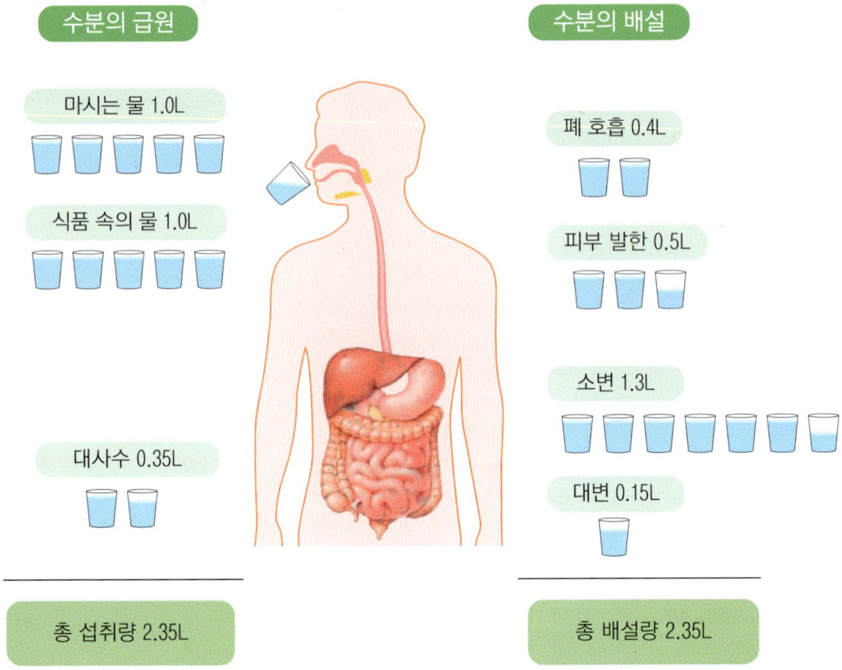

그림 10-3 체내 수분의 섭취와 손실

3) 수분평형

수분은 신체에서 세포내외를 자유롭게 이동하여 모든 체액의 삼투압을 평형으로 유지한다. 신체 내의 수분이동은 세포막을 중심으로 형성된 세포내외 삼투압의 차이에 의해 일어나게 된다.

음식을 짜게 먹으면 갈증을 느껴 물이 마시고 싶어진다. 세포외액에 소금이 축적되면 나트륨(Na) 농도가 증가하게 되어 삼투현상으로 세포내액의 수분이 세포외액으로 이동하게 된다. 세포내액의 수분함량이 일정수준 이하로 낮아지면 세포가 두뇌에 신호를 보내 갈증을 느끼게 한다. 그래서 물을 마시게 하여 탈수현상이 일어나지 않도록 보호한다. 반대로 물을 너무 많이 섭취하여 전해질 농도가 너무 낮아지면, 신장에서는 소변을 더 많이 만들어 과량의 체수분을 체외로 배설시킨다.

수분섭취량과 손실량이 균형을 이룰 때 체내의 수분평형이 이루어지게 된다. 따라서 건강을 유지하기 위해서는 적절한 양의 수분을 섭취함으로써 체내 수분평형을 맞추는 것이 중요하다.

4) 탈수현상

신체의 수분이 지나치게 감소된 상태를 말한다. 장기간 지속적으로 설사 및 구토를 할 경우, 또는 더운 날 수분 보충을 안 해준 상태에서 격심한 운동을 계속하여 체내 수분함량이 저하될 경우 탈수현상이 나타날 수 있다. 탈수현상이 일어나면 혈액량이 적어지고 혈압이 떨어진다.

정상체중의 약 2%에 해당하는 수분이 손실되면 신체는 갈증을 느끼게 된다. 체중의 4% 정도의 수분을 상실하면 근육 피로를 느끼게 되고, 운동 중인 경우에는 지구력이 급격히 저하된다. 탈수가 진행되어 체중의 11%에 해당하는 수분을 잃으면 근육경련, 정신착란 증세가 나타난다. 체중의 20% 이상에 해당하는 수분을 상실하면 의식을 잃고 사망에 이르게 된다.

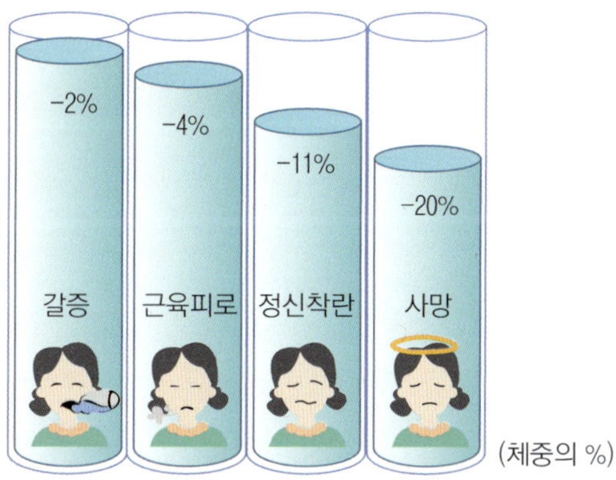

그림 10-4 수분 손실 정도에 따른 탈수증세

5) 수분중독증

과도한 수분섭취는 인체에 해로울 수 있다. 특히 전해질이 부족하게 되면 세포외액의 수분이 세포 내로 들어가거나 세포내액의 칼륨이 세포외액으로 이동한다. 따라서 지나친 수분섭취는 근육경련, 착란 및 사망에까지 이르게 한다.

6) 부종

신체는 수분평형을 조절하는 능력을 갖고 있다. 그러나 질병의 경우나 장기간 단백질 섭취가 부족한 경우 혈관 내의 단백질 함량이 낮아지고 삼투압이 저하된다. 삼투압이 저하되면 조직으로 수분이 이동하여 부종 증상이 나타난다. 즉, 혈액에 충분한 전해질이나 단백질이 존재하지 않기 때문에 혈액 중의 수분이 혈액을 빠져나가 체조직 사이에 과도하게 머물고 있는 상태를 의미한다.

심한 영양결핍증이나 기아상태 어린이의 경우 배에 물이 차는 복수증세가 나타난다. 이것은 혈장에서 물을 보유할 수 있는 단백질이 결핍되었기 때문이다(3장의 그림 3-8).

또한 체내에 나트륨이 과잉으로 보유되면 삼투압이 상승한다. 이를 낮추기 위하여 체내에 수분이 축적되어 부종이 발생한다.

3. 물의 필요량

인체에 필요한 수분은 우리가 먹는 식품과 마시는 음료수로부터 공급된다. 그러나 전체 수분섭취량의 절반 이상은 식품보다는 물과 음료수로부터 얻는다. 고형식품 속에도 물이 포함되어 있는데 식품에 따라 수분함량이 다르다. 수박이나 상추 같은 과일과 채소에는 수분이 90% 이상 들어 있고, 크래커나 시리얼 같은 건조식품에는 수분함량이 약 4% 이하로 매우 낮다.

1) 물의 급원

음료수와 국물

우유, 주스, 콜라 등의 음료수나 국, 찌개, 국수 등을 통하여 수분을 섭취한다. 이들은 물 이외에 다른 성분들을 포함하고 있다. 음료수, 국, 찌개로부터 공급되는 수분량은 1일 필요량의 약 1/2~2/3를 차지한다.

식품으로부터의 수분섭취

밥, 어육류, 채소와 과일 등의 음식을 통해서도 수분이 공급된다. 과일과 채소는 많은 수분을 함유하고 있으며 육류, 곡류 등의 식품에도 상당량의 수분이 포함되어 있다. 식품은 종류에 따라 수분함량에 차이가 있는데 각종 식품의 수분함량은 그림 10-5와 같다.

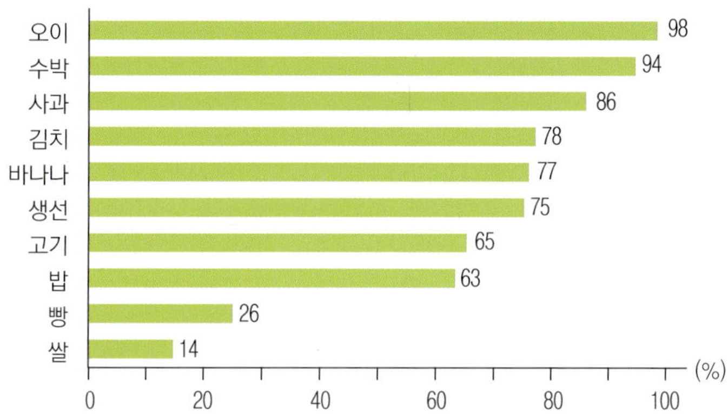

그림 10-5 식품 중의 수분함량

대사수

섭취된 당질, 단백질 및 지질이 체내에서 완전 산화되어 에너지를 내는 과정에서 물(산화수)이 생성된다. 이것을 대사수라고 하며, 그 양은 약 300mL를 차지한다.

카페인 및 알코올 음료

카페인과 알코올은 체내에서 수분균형을 조절하는 호르몬에 영향을 주어 소변을 통한 수분배설을 증가시킨다. 커피의 카페인은 이뇨작용을 촉진시키므로 아침에 마신 커피가 수분을 공급하기보다는 오히려 수분을 빼앗아가는 결과를 초래한다. 그러므로 아침에 커피를 마시기 전에 우선 물을 충분히 마시는 습관을 들이는 것이 바람직하다.

물

물이 체내에서 담당하는 주요 기능 가운데 하나는 우리 몸을 깨끗이 청소하는 기능이다. 대사과정에서 생성된 불순물을 소변이나 땀의 형태로 배설한다. 따라서 체내의 노폐물을 소변이나 땀의 형태로 배설시키기 위해서는 다른 용질이 함유된 음료보다는 순수한 물을 통한 수분섭취가 가장 효율적이다.

2) 바람직한 수분섭취량

인체의 수분필요량은 연령, 체온, 계절, 식품 및 약품의 섭취 등과 같은 요인들에 의해 변한다.

성인의 경우 소비에너지 1kcal당 약 1ml의 수분이 필요하다. 한국 성인의 수분섭취 기준은 표 10-1과 같다.

표 10-1 19~29세 성인의 1일 수분 섭취기준

	수분(mL/일)				
	음식	물	음료	충분섭취량	
				액체	총수분
남자	1,400	981	262	1,200	2,600
여자	1,100	709	126	1,000	2,100

한국인 영양소 섭취기준에 의하면 총수분으로 1일 충분섭취량도 19~29세 성인에게 남자 2,600mL와 여자 2,100mL를 제시하고 있다. 수분균형 및 정상적인 신체기능을 유지하기 위해 최소한 하루 4컵 이상의 물 섭취가 반드시 필요하다.

일반적으로 성인의 경우 주스나 기타 음료 이외에 하루 6~7컵의 순수한 물을 섭취하는 것이 권장되고 있다. 그러나 8~10컵의 물을 마시는 것이 더욱 바람직하다(그림 10-6).

국민건강영양조사(2008)에 따르면, 우리 국민이 식수로 섭취하는 물의 양은 1인 1일 평균 966mL로, 하루 평균 약 5컵의 물을 마시는 것으로 나타났다. 과거에 비해 현대인들은 주스나 커피, 차 그리고 알코올 음료 등을 더 많이 마시고 있다. 청소년층과 대학생의 경우 물의 섭취량은 감소하는 반면 탄산음료의 섭취량이 증가하는 추세이다.

최소량(4컵) 권장량(6~7컵) 최적량(8~10컵)

그림 10-6 물의 섭취량

갈증이 날 때 어떤 음료수가 좋을까?

갈증을 느낄 때 주스와 같은 음료수를 마시면 처음에는 갈증이 해소되는 듯하지만 시간이 지나면서 다시 갈증을 느낀다. 이는 여러 가지 청량음료에 다량 함유된 설탕이나 염류 등이 혈장의 농도를 증가시켜 갈증을 일으키기 때문이다.

스포츠음료

고온에서 2시간 이상 운동을 할 경우 운동선수에게 이온음료를 공급하는 것이 좋다. 인체의 체액과 삼투압이 같은 음료수로 운동이나 노동 등으로 인해 체내에서 빠져나간 수분과 전해질(Na^+, Cl^-)을 보충해 주기 때문이다.

그러나 1캔당 120㎎ 정도의 나트륨(소금으로 약 0.3g)과 당질이 함유되어 있어 혈장의 농도를 증가시켜 갈증이 유발되기도 한다. 운동시간이 짧은 경우에는 순수한 물을 마시는 것이 좋다.

탄산음료

탄산음료란 이산화탄소를 함유한 청량음료이다. 물에 설탕을 녹이고 산미료, 향료, 착색료 등을 가하여 시럽을 만든다. 그리고 이산화탄소를 가압 용해시킨 물을 채워서 마개를 막는다. 산미료로는 시트르산이 많이 사용되고 콜라에는 인산이 사용된다. 그런데 인산은 칼슘의 흡수를 방해하고 배설을 촉진시키므로 성장기 청소년이 콜라를 섭취하는 것은 바람직하지 않다.

커피

커피에 들어 있는 카페인은 이뇨작용을 촉진하여 소변의 양을 증가시키므로 탈수현상이 나타날 수 있다.

즉, 인체에 필요한 수분을 충분히 공급하기 위해서는 순수한 물을 통한 수분의 섭취가 가장 바람직하다.

3) 수분의 필요량을 결정짓는 요인

나이

유아, 어린이, 노인의 경우 일반 성인에 비해 단위체중당 더 많은 양의 수분을 섭취해야 한다. 특히 유아와 어린이는 체중에서 수분이 차지하는 비율이 약 70%로 성인의 50~60%보다 더 높다. 또한 유아는 신체의 크기에 비하여 체표면적의 비율이 성인보다 상대적으로 높으므로 피부를 통한 수분손실이 더 크다. 또한, 신장에서 소변을 농축시키는 능력이 떨어지므로 성인에 비해서 묽은 소변을 다량 배설한다. 그러므로 수분을 더 많이 필요로 한다. 그 외에도 유아는 갈증이 날 때 의사소통능력이 없고, 갈증에 대한 대처능력이 떨어지므로 수분섭취가 부족되지 않도록 각별한 주의가 필요하다.

노인의 경우에도 유아와 마찬가지로 체내 수분보유력이 저하되고 갈증감각이 떨어지므로 수분섭취에 유의해야 한다.

체온

외부의 기온상승, 신체활동, 운동, 발열 등으로 체온이 상승하면 체온을 낮추기 위해 수분 증발량이 증가하게 된다. 그러므로 더 많은 양의 수분이 필요하다.

임신 및 수유 등의 생리적 변화

임신기에는 태아에게 영양을 공급하기 위해 모체의 혈액량이 증가한다. 그리고 양수도 형성해야 하므로 더 많은 수분을 필요로 한다. 수유부의 경우에는 모유를 만들어야 하므로 수분필요량이 증가한다.

식품 및 약품의 섭취

짠 음식, 카페인, 알코올 섭취 시 탈수를 방지하기 위하여 수분필요량이 증가한다. 또한 약의 복용 시에는 혈액 중 용질의 농도를 희석하기 위하여 수분필요량이 증가한다. 또한 카페인과 알코올의 섭취는 이뇨작용이 촉진되므로 수분필요량이 증가하게 된다.

참고문헌

구재옥, 임현숙, 정영진, 윤진숙, 이애랑, 이종현(2008). 이해하기 쉬운 영양학. 파워북.

김숙희, 유춘희, 김선희, 이상선, 정진은, 강명희, 김양하, 김우경(2004). 기초영양학. 신광출판사.

김화영, 김미경, 왕수경, 장남수, 신동순, 정혜경, 윤군애, 장문정, 김양하, 김혜영, 양은주, 김우경, 이현숙(2005). 영양 그리고 건강. 교문사.

대한비만학회 대구경북지회 편(2007). 비만치료가이드. 다이어트, 음식, 그리고 비만. 도서출판 한미의학.

문수재, 김혜경, 홍순명, 이경혜, 이명희, 이영미, 이경자, 안경미, 이민준, 김정연, 김정현(2008). 알기쉬운영양학. 수학사.

박태선, 김은경(2005). 현대인의 생활영양. 교문사.

보건복지부(2008). 국민영양조사결과보고서.

보건복지부(2020). 2020 한국인 영양소 섭취기준.

손숙미, 이종호, 임경숙, 조윤옥(2009). 다이어트와 체형관리. 교문사.

이미숙, 박영숙, 현화진, 김순경, 송은승, 이경애, 이선영, 현태선, 김희선, 윤은영(2005). 리빙 토픽 영양과 식생활. 교문사.

정영진, 김성애, 손천배, 김미리, 이선영, 육홍선(2008). 식생활과 다이어트. 파워북.

최혜미(2006). 교양인을 위한 21세기 영양과 건강 이야기. 라이프사이언스.

최혜미, 김정희, 이주희, 김초일, 송경희, 장경자, 민혜선, 임경숙, 변기원, 송은승, 여의주, 이홍미, 김경원, 김희선, 김창인, 윤은영, 김현아(2006). 21세기 영양학. 교문사.

최혜미, 김정희, 장경자, 민혜선, 임경숙, 변기원, 이홍미, 김경원, 김희선, 김현아(2002). 21세기 영양학 원리. 교문사.

한국영양학회(2000). 한국인 영양권장량(제7차 개정).

한국영양학회 편집부(2010). 한국인 영양섭취기준. 한국영양학회.

한국영양학회(2016). 2015 한국인 영양섭취기준. 한국영양학회.

허채옥, 권순형, 김은미, 원선임, 박용순, 박진희, 김상연, 정경아, 김은영, 박유신(2008). 기초 영양학. 수학사.

Bell E.A., and Rolls B.J.(2001). Regulation of energy intake : Factors contributing go obesity. In Bowman B.A., and Russell R.,M.(eds.). Present knowledge in nutrition. Washington DC : ILSI Press.

Blackburn G.L.(1995). Effects of weight loss on weight-related risk factors. In Brownell K.D., and Fairburn C.G.(eds.). Eating Disorders and Obesity, NY : Guilford, pp. 406-410.

Dawson-Hughes B.(2001). Osteoporosis. In Bowman B.A., and Russell R.M.(eds.). Present knowledge in nutrition. Washington, DC : ILSI Press.

Kennedy E.T., and others(2001). Popular diets : Correlation of health, nutrition, and obesity. Journal of the American Dietetic Association 101 : 411.

McGuire M., & Beerman K.A.(2007). Nutritional Sciences From Fundamentals to food. Cengage Learning. [이상선, 정진은, 강명희, 신동순, 정혜경, 장문정, 김양하, 김혜영, 김우경 역(2008). NEW영양과학. 지구문화사].

NIH Consensus Development Panel on Osteoporosis Prevention, Diagnosis, and Treatment(2001). Osteoporosis prevention, diagnosis, and treatment. Journal of the American Medical Association 285 : 785.

Prentice A., and Jebb S.(2004). Energy intake/physical activity interactions in the homeostasis of body weight regulation. Nutrition Review 62 : 98-104.

Roberts S. B., and others(2002). The influence of dietary composition on energy intake and body weight. Journal of the American College of Nutrition 21(2) : 140.

Wardlaw G.M., & Kessel M.W.(2008). Perspectives in Nutrition. 8th ed. McGraw-Hill.

Wardlaw G.M., & Kessel M.W.(2005). Perspectives in Nutrition. 6th ed. McGraw-Hill Education. [김미경, 왕수경, 신동순, 정해랑, 권오란, 배계현, 노경아, 박주연 역(2006). 생활 속의 영양학. 라이프사이언스].

Ziegler R.G.(1997). Anthropometry and breast cancer. Journal of Nutrtion 127(suppl 5) : 924-928.

좀 더 알아보기

※ 다음 질문에 대하여 O, X로 답하시오.

1. 물은 인체의 구성분 중 가장 많은 부분을 차지한다. (　　)

2. 나이가 들수록 체내 수분함량은 증가한다. (　　)

3. 체내 수분배설의 가장 많은 부분은 땀과 호흡 중 증발을 통한 배설이다. (　　)

4. 정상체중의 2%에 해당하는 수분을 손실하면 심한 갈증을 느끼게 된다. (　　)

5. 부종이나 복수는 혈장에서 물을 보유하는 단백질의 결핍으로 발생한다. (　　)

6. 커피나 알코올은 수분함량이 높으므로 수분섭취에 도움이 된다. (　　)

7. 물의 적정섭취량은 건강한 성인의 경우 1일 6~7컵 정도이다. (　　)

8. 가벼운 운동을 할 때 갈증해소를 위해 마시는 스포츠 음료는 매우 도움이 된다. (　　)

9. 신장에서 소변의 농축능력이 약한 어린이는 수분필요량이 증가한다. (　　)

10. 임신부와 수유부는 정상인에 비하여 수분필요량이 증가한다. (　　)

정 답

1장

4. ×, 5. ○, 6. ×, 7. ○, 8. ×, 9. ×

2장

5. ×, 6. ○, 7. ×, 8. ×, 9. ○, 10. ○, 11. ×, 12. 전분, 13. 섬유소, 14. 유당, 15. 당첨가, 16. 섬유소, 17. 맥아당, 18. 포도당, 19. 아밀로펙틴

3장

3. ×, 4. ○, 5. ×, 6. ○, 7. ○, 8. ○, 9. ○, 10. ×, 11. ×, 12. ×

4장

4. 다가불포화지방, 5. 오메가-3지방산, 6. 기름, 7. 산패, 8. 단일불포화지방, 9. 유화제, 10. 트랜스지방산

5장

1. ○, 2. ×, 3. ×, 4. ○, 5. ×, 6. ×, 7. ○, 8. ×, 9. ○, 10. ×

6장

1. ① 운동요법 : 적당한 신체활동은 골밀도를 증가시키고 골다공증의 위험을 감소시킨다.
   ② 식이요법 : 균형잡힌 식사는 가장 중요한 골다공증 예방법이다. 칼슘, 단백질, 비타민 C, 비타민 D, 비타민 K 등이 뼈 형성과 보수에 필요하다.
   ③ 에스트로겐 요법 : 폐경 후 골다공증 예방과 치료를 위해 가장 효과적이나 장기적인 복용은 부작용을 일으키므로 반드시 의사와 상의해서 결정하도록 한다.
2. 예를 들어 저나트륨 식이에 적응하도록 평소 식습관에서 소금 첨가를 금한다.

3. ×, 5. ○, 6. ○, 7. ○, 8. ○, 9. ○, 10. ×, 11. ×, 12. ×, 13. 칼슘, 인, 마그네슘, 14. 칼슘, 15. 나트륨, 칼륨, 염소, 16. 마그네슘, 17. 염소, 18. 칼륨, 19. 황, 20. 마그네슘

7장

1. 선짓국의 경우 철 과잉 시 가장 빈번한 부작용인 변비를 예방하기 위해 우거지와 무, 콩나물 등 채소를 많이 넣으면 카로틴과 엽록소가 있어 조혈작용을 촉진하며 세포부활작용, 지혈작용, 말초혈관확장작용, 항알레르기작용 등 중요한 생리작용을 돕고 변비예방에 효과적이다.
2.

종류	결핍증	과잉증
철	철 결핍성 빈혈	변비, 심장, 췌장 등에 철이 축적되는 혈색소증
아연	성장 지연, 상처회복 지연, 미각 감퇴, 면역 저하 등	철, 구리 흡수 저하
구리	빈혈	복통, 오심, 구토, 혼수 등
요오드	단순갑상선종	갑상선기능 항진증
셀레늄	근육약화, 심장기능 저하 등	구토, 설사, 신경계 손상 등

불소	충치, 골다공증	반상치
망간	동물의 경우 성장장애 등	신경근육계 이상
크롬	당 내성 저하, 성장지연 등	피부염

3. ×, 4. ○, 5. ×, 6. ○, 7. ○, 8. ×, 9. ○, 10. ×, 11. ×, 12. ○, 13. 철, 14. 철, 구리, 15. 셀레늄, 16. 불소, 17. 크롬, 18. 아연, 19. 요오드

8장

1. 비타민 A는 암 적응에 필요한 로돕신의 구성분으로 작용한다. 로돕신이 부족하면 어두운 빛에 대한 적응력이 부족하여 야맹증이 된다.
2. 베타카로틴은 식물성 식품의 노란색을 띠는 색소로 체내에서 비타민 A로 전환된다.
3. 비타민 D는 피부에서 자외선에 의해 합성된다. 즉 체내에 있는 7-디하이드로 콜레스테롤이 자외선에 의해 합성되는데 성인의 경우 일광에 노출되는 시간이 비교적 많기 때문이다.
4. 비타민 D가 결핍되기 쉬운 사람은 야간 또는 지하 근무자와 노약자이다. 이는 일광에 노출되는 시간이 짧기 때문이다.
5. 비타민 E는 자신이 산화되어 다른 물질의 산화를 막는 항산화제로 세포를 보호하여 암 발생을 막아준다.
6. 셀레늄은 과산화물을 분해하는 역할을 한다. 셀레늄이 충분하면 항산화작용에 필요한 비타민 E가 절약된다.
7. 비타민 K는 혈액응고작용을 하는 프로트롬빈을 합성하는 데 조효소로 작용한다.
8. ○, 9. ○, 10. ×, 11. ○, 12. ×, 13. 비타민 A, 14. 비타민 K, 15. 비타민 D, 16. 비타민 A, C, E, 17. 비타민 A, C, D, 18. 비타민 A, 19. 비타민 D

9장

1. 티아민, 리보플라빈, 니아신, 비오틴, 판토텐산은 에너지 대사에서 조효소로 작용하고, 비타민 B_6는 단백질 대사에, 엽산과 비타민 B_{12}는 적혈구 생성과 새로운 세포의 합성에, 비타민 B_{12}는 신경세포 유지에 필요하다. 비타민 C는 항산화제이고, 콜라겐 합성에 필요하다.
2. 판토텐산은 장내세균에 의해 합성되어 정상적인 사람에게서는 결핍증이 나타나지 않는다.
3. 니코틴산의 다량 복용으로 홍조, 피부가려움증, 구역질, 위장장애 등이 나타난다.
4. 비타민 B_{12}이고 완전 채식주의자이다.
5. 엽산과 비타민 B_{12}이다. 엽산은 신선한 채소와 과일에 많고, 비타민 B_{12}는 동물성 식품에만 있다.
6. 비타민 C는 세포들과 조직들을 서로 결합시키는 결체조직의 주요 성분인 콜라겐 형성에 필요하다.
7. ○, 8. ○, 9. ×, 10. ○, 11. ○, 12. 코발아민, 13. 티아민, 14. 코발아민, 15. 비타민 D, 16. 니아신, 17. 비타민 K, 18. 피리독신, 19. 비타민 C

10장

1. ○, 2. ×, 3. ×, 4. ○, 5. ○, 6. ×, 7. ○, 8. ×, 9. ○, 10. ○

찾아보기

◀ ㄱ

가수소화(hydrogenation) 110, 111
가스트린(gastrin) 90, 94
가시 지질 124
각기병(beriberi) 236, 237
갈락탄(galactan) 42
갈락토오스 42
갈락토올리고당 46
갈증감각 280
갑상선호르몬(thyroxine) 165, 202
거대 적아구성 빈혈(megaloblastic anemia) 252, 254
거식증 149
건성각기 237
검(gums) 49
게실증 50
결핵치료제 248
경구피임약 248
경조직 165
고인슐린혈증 144
고지혈증 93
고콜레스테롤혈증 50
고혈당증 55
골다공증 93, 150, 169, 204, 211, 224
골연화증 169, 224
과당 41
과산화수소분해효소 195
과체중 145
관상동맥경화증 93
관상동맥심장질환 112
관상심장병 62
광합성 40
괴혈병 258
구루병 169, 224
구순구각염 240
국민건강영양조사 29
국민건강영양조사보고서 25
권장섭취패턴 25
권장식사패턴 29, 30
글로불린(globulin) 85
글루카곤(glucagon) 55
글루타티온(glutathione) 176
글리시닌(glycinine) 85
글리아딘(gliadin) 86
글리코겐 41, 48, 54, 183
금속단백질 84
금속효소(metalloenzyme) 198
기능성 올리고당 51
기니피그(guinea pig) 256
기름(oil) 113
기초대사량(basal metabolic rate) 137

◀ ㄴ

내적 인자(intrinsic factor) 255
노르에피네프린(norepinephrine) 247, 257
녹황색채소 65
뇌수종 252
뇌하수체종양 144
니아신 동량(niacin equivalents) 242
니켈(Ni) 111
니코틴산(nicotinic acid) 242, 244
니코틴아미드(nicotinamide) 242

◀ ㄷ

다가불포화지방산(polyunsaturated fatty acid) 108, 226
다량무기질 164
다환방향족 탄화수소 123

단당류 41
단백질의 보족효과 83
단백질 절약작용 56
단순갑상선종(simple goiter) 202
단순단백질 83
단순당질 41
단순지질 113
단일불포화지방산(monounsaturated fatty acid) 107
당뇨병 50, 59
당단백질 57, 84
대두올리고당 46
대사(metabolism) 53
대사수 277
대사증후군 120, 121
덱스트린(dextrin) 32, 48
도정수율 67
도파민 247
동맥경화 106
동화작용 53
디글리세리드(diglyceride) 113
디펩티다아제(dipeptidase) 94
디펩티드(dipeptide) 79

◀ ㄹ

라피노오스 46
락타아제(lactase) 45
락토 베지테리언(lacto vegetarian) 210, 211
락토알부민(lactoalbumin) 85
락토 오보 베지테리언(locto-ovo vegetarian) 210
레닌(rennin) 32
레스베라트롤(resveratrol) 264
레시틴(lecithin) 114
레티날(retinal) 219
레티노이드(retinoid) 219
레티놀(retinol) 219
레티놀 등가(retinol equivalent) 219
로돕신(rhodopsin) 219
루테인(lutein) 264
루틴(rutin) 264
류코트리엔(leukotriene) 112
리그닌(lignin) 49
리놀레산(linoleic acid) 108, 111
리놀렌산(linolenic acid) 111
리보오스(ribose) 57
리코펜(lycopene) 222, 265
리포비텔리닌(lipovitellinin) 84
리포비텔린(lipovitellin) 84
리포프로테인 84
림프관 117

◀ ㅁ

마라스무스(Marasmus) 92
마취제 175
만난(mannan) 42
만노오스(mannose) 42, 49
만성퇴행성 질병 106
만성퇴행성 질환 120
말티톨(maltitol) 59
맥아당 44
메나디온(menadione) 228, 229
메나퀴논(menaquinone) 228
면역세포 89
모노글리세리드(monoglyceride) 113
묄러병(Moeller-Barlow's disease) 258
무뇌증 252
문맥(portal vein) 52, 117
뮤신(mucin) 57, 84
미량무기질 164, 194
미오글로빈(myoglobin) 84, 195

◀ ㅂ

바세도우병(Basedow's disease) 203
반상치 204

백내장 264
백미 67
베르니케-코르사코프증후군 238
베이킹소다 179
β-글루칸 49
베타카로틴(β-carotene) 219
β-형 포도당 49
변성단백질 84
보조인자 17
복합단백질 84
복합당질 40, 60
복합지질 113
부갑상선호르몬(parathyroid hormone) 168, 223, 224
부분적 불완전단백질 86
부신피질 178
부종 90, 273, 276
불완전단백질 86
불포화도 127
불포화지방산(unsaturated fatty acid) 106, 107
불필수아미노산 80
불화칼슘(CaF_2) 204
브로카(broca) 지수 145
비가시 지질 124
비건(vegan) 211
비만 106, 142, 145
비오틴 176
비토반점(bitot's spot) 220
비피더스균 45
비필수지방산 106
비헴철(non-heme iron) 194
빈영양(empty calories) 70

◀ ㅅ

사카린(saccharine) 58
산독증(ketosis) 57
산패 127
산화수 277
삼투현상 165
상피세포 220
색소단백질 84
생전분(β-전분) 47
설염 240
섬유소 40
성인병 140
성인비만 148
성인을 위한 식생활지침 33
세레미드(ceramide) 42
세레브로시드(cerebroside) 42, 45, 115
세로토닌(serotonin) 90, 247, 257
세크레틴(secretin) 90, 94
세팔린(cephalin) 114
셀룰로오스 49
셀룰로플라스민(celluloplasmin) 201
소르비톨(sorbitol) 58, 59
소아비만 147
소화(digestion) 31
수분중독증 275
수산화인회석(hydroxyapatite) 166
수용성 비타민 218
슈퍼옥사이드디스뮤타아제(superoxide dismutase) 198
스타키오스 46
스테비오사이드(stevioside) 59
스테아르산(stearic acid) 107
스트렙토코커스 무탄스(Streptococcus mutans)균 63
스포츠음료 279
스핑고미엘린(sphingomyelin) 114
스핑고신(sphingosine) 115
습성각기 237
시스(cis)지방산 106, 110
시토크롬계 효소 195
식사구성안 23
식사지침 33
식이성 발열효과 93
식품구성자전거(food balance wheel) 29

식품영양가표 29
식품이용을 위한 에너지 소모량(thermic effect of food) 140
식해 44
식혜 44
신경성 식욕부진증(anorexia nervosa) 149
신경성 탐식증(bulimia nervosa) 150
신장결석 169
심플리스(Simpless) 125

◀ ㅇ

아라비노오스(arabinose) 49
아라키돈산(arachidonic acid) 108, 111
아미노기 79
아미노산(amino acid) 78
아미노펩티다아제(aminopeptidase) 94
아밀로오스(amylose) 47
아밀로펙틴(amylopectin) 47
아비딘(avidin) 250
아세틸콜린(acetylcholine) 237
아스파탐(aspartame) 58, 59
아실 운반 단백질(acyl carrier protein) 245
아이코사노이드(eicosanoids) 112
아토피(atopy) 피부염 210
악성빈혈 255
안토시아닌(anthocyanins) 264
알리신(allicin) 265
알리움(allium) 265
알츠하이머 210
α-리놀렌산(α-linolenic acid) 108
야맹증 220
양성물질 91
에르고스테롤 117, 222
에스트로겐 86, 150, 171, 172, 224
에스트로겐 요법 172
에피네프린(epinephrine) 257
엘라스틴(elastin) 201
연동운동 31
연조직 165
엽록소 174, 198
영양(nutrition) 16
영양감미료 58
영양결핍증 18
영양과잉증 18
영양소(nutrients) 16
오보뮤코이드(ovomucoid) 84
오보 베지테리언(ovo vegetarian) 211
오스테오칼신(osteocalcin) 229
올레산(oleic acid) 108
올레스트라(Olestra) 125
올리고당 46
왁스(wax) 113
완전단백질 85
요산 120
요소 93
요요현상 152
용혈 229
울혈성 심부전 237
월경전증후군(premenstrual syndrome) 248
윌슨병(Wilson's disease) 201
유당 42
유도단백질 84
유도지질 113
유리라디칼 226
유미즙 32
유색미 67
유인원 256
유화(emulsion) 115
유화작용 114
유황전이반응 247
융모 32
이노시톨(inositol) 262
이뇨작용 277, 282, 281
이뇨제 150
이소말토올리고당 46
이소플라본(isoflavon) 86
이화작용 53

인공감미료 58
인단백질 84
인슐린(insulin) 45, 55, 176, 199
인슐린 내성 61
인슐린 비의존형(제2형) 당뇨병 60
인슐린 수용체 59
인슐린 의존형(제1형) 당뇨병 60
인지질 114
임신성 당뇨병 60
임파관 32

◀ ㅈ

자당 43
자일로오스(xylose) 49
자일리톨(xylitol) 58, 59
저밀도지단백(LDL) 220
저장철 194
저혈당증 55
저혈압 150
전화당 43
점상출혈 258
점액수종(myxedema) 203
점질물(mucilage) 49
정장작용 44
젖산균 44
제인(zein) 86
제지방함량(lean body mass) 182
제한 아미노산 82
젤라틴(gelatin) 85, 86, 87
조골세포 171
조혈작용 198
준영양결핍 18
준영양과잉 18
중성지방 113
지단백질 84
지루성 피부염 241
지방(fat) 113
지용성 비타민 218
지질대용품 125, 126
지혈작용 198
질소계수 78
짧은 사슬지방산 51

◀ ㅊ

철결핍성 빈혈 196
철보충제 212
청량음료 279
체지방조직 119
체질량지수(body mass index) 145
총정맥영양(total parenteral nutrition) 261
충수염 50
충치 63
치밀골 170

◀ ㅋ

카로티노이드(carotinoid) 219
카로틴 198
카르니틴(carnitine) 257, 262
카르복시펩티다아제(carboxypeptidase) 94
카르복실기 79
카세인(casein) 32, 85
카테콜아민(catecholamine) 90
카페인 277, 280
칼시토닌(calcitonin) 168, 223
칼시페롤(calciferol) 222
캐러멜화 반응(caramelization reaction) 43
캘리퍼(caliper) 146
커큐민(curcumin) 264
케라틴(keratin) 223
케샨병(Keshan disease) 205
케톤체 57
콜라겐(collagen) 85, 87, 201, 257
콜레스테롤 116
콜린(choline) 261
콰시오커(kwashiorkor) 92, 175

큐어쿠민(curecumin) 264
크레졸 176
크레틴병(cretinism) 203
키모트립신(chymotrypsin) 94
키토산(chitosan) 49
키틴(chitin) 49, 50
킬로마이크론(chylomicron) 218

◀ ㅌ

타우린(taurine) 262
탄산음료 278, 280
탈석회화 172
탈수 273
탈수현상 274, 275
탈탄산반응 247
테타니(tetany) 175
토코페롤 127, 225
통풍 120
트랜스(trans)지방산 110, 111
트롬보플라스틴(thromboplastin) 167
트롬복산(thromboxane) 112
트롬빈(thrombin) 167
트리글리세리드(triglyceride) 113
트리펩티드(tripeptide) 79
트립신(trypsin) 94
트립토판(tryptophan) 242
티로신 90
티아민 176, 236

◀ ㅍ

파골세포 171
파라카세인(paracasein) 32, 85
파라티노오스(paratinose) 59
파이토케미컬(phytochemicals) 264, 265
팔미트산(palmitic acid) 107
페놀 176
페리틴(ferritin) 194
펙틴(pectin) 49
펠라그라(pellagra) 242
펩시노겐(pepsinogen) 94, 95
펩신(pepsin) 32, 94
펩톤(peptone) 85
펩티드(peptide) 85
펩티드 결합 79
포도당 41
포도당 신생합성 55, 56
포만중추 143
포토포비아(photophobia) 241
포화지방산(saturated fatty acid) 106, 107
폭식증 150
폴리페놀 127
폴리펩티드(polypeptide) 79
퓨린(purine) 251
프락토올리고당 46, 58
프로락틴(prolactin) 223
프로레닌(prorennin) 95
프로비타민 A(pro vitamin A) 219
프로스타글란딘(prostaglandin) 112, 118, 226
프로테오스(proteose) 85
프로트롬빈(prothrombin) 167, 228
프티알린(ptyalin) 32
플라그(plague) 63, 121
플라보노이드(flavonoids) 264
피루브산 탈탄산효소(pyruvate decarboxylase) 206
피리독사민(pyridoxamine) 246
피리독살(pyridoxal) 246
피리독살 포스페이트(pyridoxal phosphate) 246
피리독신(pyridoxine) 246
피리미딘(pyrimidine) 251
피브리노겐(fibrinogen) 85, 167
피브린(fibrin) 85, 167
피틴산(phytic acid) 198
피하지방 119
필로퀴논(phylloquinone) 228, 229
필수아미노산 80, 211

필수영양소 16
필수지방산 106, 111, 119, 127

◀ ㅎ

항경련제 175
항암작용 220
해당과정 54
해면골 170
핵단백질 84
향미 67
헤모글로빈(hemoglobin) 84, 165, 195, 255
헤모시데린(hemosiderin) 194
헤미셀룰로오스 49, 50
헴철(heme iron) 194
현미 67
혈당지수(glycemic index) 61
혈액응고 229
호르데인(hordein) 86
호정(dextrin) 47, 48
호화전분(α-전분) 47
혼수상태 57
활동대사량(physical activity) 139
황반변성 264
흡수(absorption) 31, 52
히스타민(histamine) 258

ACP 245
ADP 178
ATP(adenosine triphosphate) 54, 136, 178
anabolism 53
BMI 145
BMR 137
DG 113
DHA(docosahexaenoic acid) 112, 119
DNA 57
EPA 119
EPA(eicosapentaenoic acid) 112
FAD 239
FMN 239
GI 61
HDL-콜레스테롤 108, 110, 116, 120
IF 255
LDL-콜레스테롤 112, 116
MG 113
MUFA 107
Na+-K+ pump 178
NE 242
PEM(Protein-energy malnutrition) 91
PL 246
PLP 246
PM 246
PMS 248
PN 246
PTH 168, 223
PUFA 108
RE 219
RNA 57
SFA 107
SOD(superoxide dismutase) 198, 201
TCA회로 54
TEF 140
TG 113
THFA(tetrahydrofolic acid) 251
TPN 261
UFA 107

▣ 저자 소개

• 이정실
단국대학교 대학원 식품영양학과 졸업(이학박사)
현재 경동대학교 호텔조리학과 교수

• 김은미
한양대학교 대학원 식품영양학과 졸업(이학박사)
현재 김포대학교 호텔조리과 교수

• 강어진
전남대학교 대학원 식품영양학과 졸업(이학박사)
현재 서영대학교 호텔조리과 교수

• 박문옥
단국대학교 대학원 식품영양학과 졸업(이학박사)
현재 장안대학교 호텔조리과 교수

조리전공자를 위한 **영양학**

2013년 2월 25일 초 판 1쇄 발행
2024년 8월 31일 제3판 3쇄 발행

지은이 이정실·김은미·강어진·박문옥
펴낸이 진욱상
펴낸곳 백산출판사
교 정 성인숙
본문디자인 신화정
표지디자인 오정은

저자와의 합의하에 인지첩부 생략

등 록 1974년 1월 9일 제406-1974-000001호
주 소 경기도 파주시 회동길 370(백산빌딩 3층)
전 화 02-914-1621(代)
팩 스 031-955-9911
이메일 edit@ibaeksan.kr
홈페이지 www.ibaeksan.kr

ISBN 979-11-6639-129-3 93590
값 26,000원